教育部 文化部
高等学校动漫类规划教材

移动多媒体应用程序设计

YIDONG DUOMEITI YINGYONG CHENGXU SHEJI

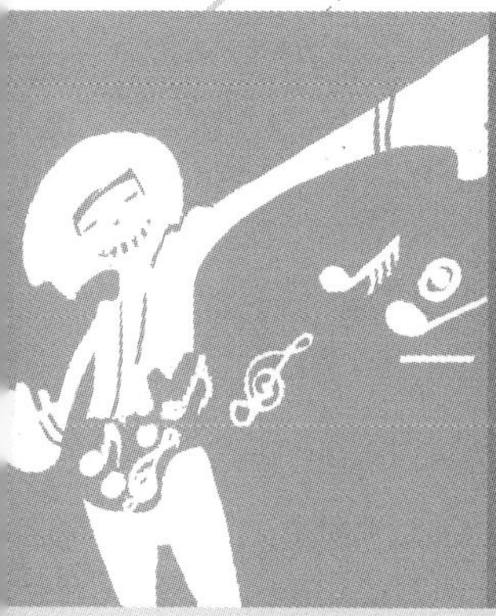

吴中海 张齐勋 编

高等教育出版社·北京
HIGHER EDUCATION PRESS BEIJING

内容提要

移动多媒体具有更便捷的应用，更广泛的受众，更丰富的表现形式，以及随时随地分享等优点，被称为继报纸、广播、电视和互联网媒体之后的“第五媒体”。移动多媒体技术及应用已成为人们关注的热点。

本书在编写上突出理论与实践相结合的风格，由浅入深地介绍了主流移动平台、移动多媒体技术、移动应用开发环境、基于移动平台开发多媒体应用的方法，并通过三个典型案例介绍移动多媒体应用的开发流程。

本书具有很强的实用价值，本书可作为普通高校数字媒体技术专业和嵌入式系统专业的高年级本科生或一年级研究生作为教材和参考书，也可作为移动多媒体应用开发工程师的入门读物。

图书在版编目（CIP）数据

移动多媒体应用程序设计 / 吴中海 张齐勋 编.
—北京：高等教育出版社，2012.5
ISBN 978-7-04-032476-1

Ⅰ. ①移… Ⅱ. ①吴… ②张… Ⅲ. ①移动通信—多媒体通信网—应用程序—程序设计—高等学校—教材 Ⅳ. ①TN929.5

中国版本图书馆CIP数据核字（2011）第217442号

> 移动多媒体应用程序设计

吴中海 张齐勋 编

策划编辑 倪文慧
责任编辑 李 林
书籍设计 张申申
责任校对 胡美萍
责任印制 韩 刚

出版发行 / 高等教育出版社
社　　址 / 北京市西城区德外大街4号
邮政编码 / 100120
印　　刷 / 北京市四季青双青印刷厂
开　　本 / 787mm×1092mm 1/16
印　　张 / 18.75
字　　数 / 350千字
购书热线 / 010-58581118

咨询电话 / 400-810-0598
网　　址 / http://www.hep.edu.cn
http://www.hep.com.cn
网上订购 / http://www.landraco.com
http://www.landraco.com.cn
版　　次 / 2012年5月第1版
印　　次 / 2012年5月第1次印刷
定　　价 / 30.00元

物 料 号　32476-00

> 序

文化是一个民族的灵魂，而动漫这种特殊的文化载体，以其视听传播的直观性，更容易跨越文化、民族的边界而产生长远的影响。好的动漫作品、动漫形象，伴随一代又一代人的成长，历久而弥新。

进入新世纪以来，我国动漫、新媒体产业发展迅速，成为文化产业最重要的组成部分之一。国家“十二五”规划提出要推动文化产业成为国民经济支柱性产业，大力发展动漫等重要产业。动漫产业繁荣发展的根本是创新，而创新则要求我们建设一支适应时代要求、富有开拓精神、善于创新创造的文化人才队伍。

为了进一步推动我国动漫人才建设，教育部、文化部于2009年成立了高等学校动漫类教材建设专家委员会，旨在进一步加强高校动画、新媒体学科理论建设和人才培养，组织高水平教材的编写工作。本套系列教材即是过去两年来的重要工作成果之一。

今年是“十二五”规划的开局之年，也是我国文化改革发展加速推进的关键一年。这套教材在这个关键时期推出，将进一步规范和提高国内高等院校的动漫类专业教学水平，从而对我国动漫产业的人才培养和可持续发展产生积极深远影响。

国以才兴，业以才立。中国动漫、新媒体产业的希望和未来在于人才，特别是全国高校动漫类专业学生身上。我们希望，这套教材能对你们的成长有所裨益，我们也期待，你们能够创作更多更好的优秀中国动漫作品。

是为序。

文化部党组副书记、副部长

扶持动漫产业发展部际联席会议成员、办公室主任

欧阳坚

2011年 6 月

前　言

近年来，伴随着移动终端和移动网络的普及和迅速发展，移动多媒体已成为人们关注的热点。相比于传统多媒体，移动多媒体具有更便捷的应用、更广泛的受众、更丰富的表现形式以及随时随地分享等优点，被称为继报纸、广播、电视和互联网媒体之后的“第五媒体”。

本书在编写上突出理论与实践相结合的风格，由浅入深地介绍了主流移动平台、移动多媒体技术、移动应用开发基础、基于移动平台开发多媒体应用的方法，并通过3个典型案例介绍移动多媒体应用的开发流程。

本书共分为8章。第1章介绍主流移动平台及移动应用开发的特点；第2章介绍移动多媒体相关概念；第3章介绍Java ME平台的基础知识；第4章介绍MIDP应用编程接口；第5章介绍基于Java ME的音视频播放器的开发案例；第6章介绍Android应用开发基础，第7章介绍基于Android平台的手机动画开发案例，第8章介绍基于Android平台的手机游戏开发案例。

本书是北京大学数字化实验室师生多年来教学实践的成果，已多年使用于开设的“移动平台应用软件开发”、“嵌入式系统综合实践”课程中。本书可作为普通高等学校数字媒体专业和软件工程专业高年级本科生或一年级研究生的教材和参考书，也可作为移动多媒体应用开发人员的入门读物。本书所涉及的程序代码均已通过了验证，如有需要请与本书作者联系。

本书由北京大学吴中海主编，参与编写工作的有北京大学数字化实验室的张齐勋、褚伟杰，以及研究生王洋、张志超、夏爱华、刘宏志等。数字化实验室的部分同学提供了实验案例及程序代码。

在本书的编写过程中得到了Google大学合作部朱爱民先生的大力支持，在此深表感谢。

由于编者水平有限，书中错误之处难免，恳请广大读者批评指正。

作　者

2011年6月

> 目 录
contents

第一章

移动平台概述

随着电子信息技术、计算机技术以及通信技术的不断发展，各种各样的移动平台层出不穷，给人们的学习、工作和娱乐带来了全新的方式。本章主要介绍目前市场上主流的移动平台以及移动平台的应用开发特点。

1.1 移动平台介绍

移动平台通常指提供参考设计、硬件芯片组以及上层通信协议、支撑软件和开发工具的一个完整平台。下游厂商可以根据需要在较短时间内设计和制造出相应的移动产品。应用开发人员可以不必关心平台硬件相关的内容，而对于移动设备的类型、移动平台的支撑软件以及相应开发工具有较为系统的了解。本节将对主流移动设备以及主流移动平台软件系统进行简单介绍。

1.1.1 主流移动设备

1. UMPC

UMPC是Ultra-Mobile Personal Computer的简写，直译为“超级移动个人计算机”，是一种新型便携式笔记本电脑。UMPC强调便携性，从而弥补普通笔记本电脑较为笨重的弱点。个别功能强大的UMPC还具有与台式计算机相似的功能。除了有线连接，还可以通过3G、WIFI、蓝牙连接上网。

2. 上网本

上网本（Netbook）是一种以上网为主要需求的超便携移动PC，尺寸多在0.3m以下，多用于移动上网。

从配置和性能上来讲，上网本强调低能耗和长时间的电池续航能力，性能以满足基本上网需求为主，多媒体性能弱于普通笔记本电脑。

上网本可以支持网络交友、网上冲浪、听音乐、看照片、观看流媒体、即时聊天、收发电子邮件和基本的网络游戏等。而普通笔记本电脑则可以安装更高级、更复杂的软件，下载、存储、播放CD/DVD，进行视频会议，编辑大型文件，进行多任务处理以及体验更为丰富的网上游戏等。

3. MID

MID的概念是Intel在2007年4月提出的。它是介于智能手机和上网本之间，能够提升高端客户办事效率、满足随时随地上网需求的高级口袋计算机。

MID比智能手机屏幕更大、比上网本更易携带，主要为满足用户随时上网、同时便于携带的需要。

MID的尺寸比UMPC更小，更适合放在口袋中，并且也不配备传统键盘，在使用上会有较多的限制。

4. 智能手机

智能手机是移动平台中最重要的终端之一，目前全球主流手机厂商的生产目标都是智能手机。当前全球主要的5家智能手机产品品牌如表1-1所示。

表 1-1 全球主要智能手机产品品牌

品　牌	支持操作系统	国家/地区	主 要 机 型
诺基亚	Symbian S60	欧盟	N97、E72、C5、X6、N95、6700S等
黑莓	BlackBerry OS	加拿大	9650、9630、8700等
摩托罗拉	Android、Linux+Java	美国	ME600、CILQ、Droid、A1200、V8等
苹果	iPhone OS	美国	iPhone、iPhone 3GS、iPhone 4
HTC	Windows Mobile 、Android	台湾	HTC Hero、HTC HD2等

5. 平板电脑

平板电脑是一种小型、方便携带的PC，以触摸屏作为基本的输入设备。它拥有的触摸屏允许用户通过触控笔而不是传统的键盘或鼠标来进行人机交互。平板电脑的外观和笔记本电脑相似，但不是单纯的笔记本电脑，它可以被称为笔记本电脑的浓缩版。平板电脑的处理能力大于掌上电脑。

1.1.2 主流移动平台软件系统

目前市场上移动平台系统在不断增多，从操作系统、浏览器到应用商店，各个移动平台软件系统的应用正在变得越来越广泛，其作用越来越重要，同时各个移动平台间的竞争更是越来越激烈。

移动平台软件系统最重要的部分是操作系统，目前主流的移动平台软件系统有：Linux、Android、Symbian、Windows Mobile和MeeGo等。

1. Linux

Linux是由Linus Torvalds和许多自由软件开发者，通过Internet共同努力而形成的一种能运行于多种硬件平台（Intel、Alpha、PowerPC、Sun Sparc）之上，源代码公开、功能强大、运行稳定高效、遵守POSIX标准、与UNIX兼容的免费操作系统。目前很多移动平台选用了Linux操作系统。

接下来介绍的Android以及MeeGo平台的底层也使用了Linux内核。

2. Android

Android由Google在2007年11月5日公布，早期由Google开发，后由开放手机联盟（Open Handset Alliance）开发。Android是基于Linux内核的开源软件平台和手机操作系统，它采用了软件栈（Software Stack）的架构。该平台由操作系统、中间件、用户界面和应用软件组成，是为移动终端打造的开放和完整的移动平台软件系统。

Android平台的最上层是应用层，包括各种应用软件，如通话程序、短信程序等，该部分则由各公司自行开发，以Java作为编写程序；第二层是应用框架层，该层是Google公司发布的核心API框架，开发人员可以利用这些API框架开发出自己的应用程序；第三层包括了函数库（Library）和Android RunTime，Android提供的C/C++库是供Android系统的各个组件使用的，这些功能通过Android的应用程序框架（Application Framework）提供给开发者。Android RunTime包括了虚拟机（Virtual Machine）和核心库（Core Library）。Dalvik虚拟机是一种“寄存器”型（Register Based）的Java虚拟机，变量皆存放于寄存器中，虚拟机的指令相对减少，而核心库提供大部分在Java编程语言核心库中可用的功能；最底层是以Linux内核为基础，由C语言开发，只提供基本功能。

3. Symbian

Symbian是Symbian公司为手机而设计的操作系统，被Nokia收购之后，将其移转到Symbian基金会，以开放源代码的形式发布。它包含Symbian公司提供的数据库、用户界面和公共工具的参考实现。它是一个实时性、多任务的纯32位操作系统，具有功耗低、内存占用少等特点，非常适合手机等移动设备使用。Symbian是以EPOC为基础，而它的架构与许多桌面型操作系统相似。Symbian的最大优势在于它是为便携式设备而设计，在有限的资源下，可以运行数月甚至数年。

4. Windows Mobile

Windows Mobile作为微软的掌上版本操作系统，在与桌面PC和Office办公的兼容性方面具有先天的优势，而且Windows Mobile具有强大的多媒体性能，办公娱乐两不误，让它成为最有潜力的移动平台操作系统之一。其原型为Windows CE，后开发出适用于手机及其他掌上设备操作系统，之后又将其整合。在Windows Mobile 2003版本之前为Pocket PC、Smart Phone。目前版本为Windows Mobile 6.5，有用于掌上电脑的Windows Mobile for Pocket PC、用于智能手机的Windows Mobile for Smartphone及Windows Mobile for Pocket PC Phone和用于移动媒体中心的Portable Media Center三个版本。

5. MeeGo

MeeGo是Nokia和Intel推出的一个开源操作系统平台，该操作系统平台可在智能手机、笔记本电脑和电视等多种电子设备上运行，并有助于这些设备实现无缝集成。这种基于Linux内核的移动平台被称为MeeGo，融合了Nokia的Maemo和Intel的Moblin平台，适用于多种平台的能力使其显得与众不同。

Intel和Nokia宣布，此前用于Maemo或Moblin运行环境的应用也将同样用于新的MeeGo平台。Nokia还强调，创建MeeGo平台并不是意在取代Nokia自己的Symbian操作系统。相反地，通过Qt应用以及UI框架，开发商可以将其同时用于MeeGo以及包括Symbian的诸多其他平台。相关应用程序届时将通过Nokia的Ovi Store发售，面向所有基于MeeGo和Symbian的Nokia硬件设备，而Intel的AppUp Center将面向基于MeeGo的Intel设备。

6. iPhone OS

iPhone OS是由苹果公司为iPhone开发的操作系统，它主要是给iPhone和iPod touch使用。最新版本为iOS 4.0，该系统的UI设计及人机操作非常优秀，软件极其丰富。

iPhone和iPod Touch SDK都使用Objective C作为编程语言，Objective C以C语言为基础。iPhone OS的系统架构分为4个层次：核心操作系统层（the Core OS Layer），核心服务层（the Core Service Layer），媒体层（the Media Layer），可轻触层（the Cocoa Touch Layer）。Mac OS X 使用基于 BSD UNIX 的内核，并带来UNIX风格的内存管理和抢占式多任务处理（Pre-Emptive Multitasking），大大改进内存管理，允许同时运行更多软件。

7. 黑莓

黑莓（Black Berry）是由RIM（Research In Motion）公司开发的平台软件，其特色是支持推动式电子邮件、手提电话、文字短信、互联网传真、网页浏览及其他无线资信服务。而“黑莓”这一名字也有其来由，RIM的品牌战略顾问认为，这种无线电子邮件接收器中，小小的标准英文黑色键盘挤在一起，看起来像是黑莓果表面一粒粒的种子，于是就起了这么一个有趣的名字。

BlackBerry Java开发环境（简称JDE）的设计提供了一套完整的API和工具来开发在Black Berry设备上运行的Java应用程序。Black Berry设备包含了一个基于CLDC1.1以及MIDP的Java ME（Java Platform Micro Edition）运行环境。Black Berry API扩展提供了额外的功能并且和Black Berry集成得更紧密。

8. BREW

BREW主要应用在移动通信领域，类似于一个开放免费的PC操作系统，其他厂商可以在这个平台上开发各项应用。作为一个手机应用平台，BREW能支持高速上网、下载游戏、无线购物等几十种应用业务。厂商使用BREW设计一款应用软件，所有装载高通芯片的手机都可以使用。

9. Palm OS

Palm OS是早期由US Robotics研制的专门用于其掌上电脑产品Palm的操作系统。由于此操作系统完全为Palm产品设计和研发，而其产品从推出时就超过了苹果公司的Newton而获得了极大的成功，所以Palm OS也因此声名大噪。其后IBM、Sony、Handspring等厂商取得使用授权，在旗下产品中使用。Palm OS操作系统以简单易用为大前提，运行时所需的内存容量与处理器资源较小，速度也很快，但不支持多线程。

1.2 移动平台应用开发特点

移动平台应用开发是指在移动平台操作系统上用Java、C++等开发语言进行软件开发，以实现移动平台功能的扩展。移动平台应用开发具有以下特点。

1．不同平台使用不同开发语言

每种平台中使用的开发语言是不相同的。Android平台使用Java语言进行应用程序开发，MeeGo平台使用C++语言进行应用程序开发，在iPhone平台使用Objective C编程语言，Windows Mobile平台支持C++、C#以及Basic语言，在BREW平台使用Java、Flash等语言。

2．独立的开发环境

不同的移动平台提供了不同的SDK，开发人员开发前需要搭建针对不同平台的开发环境，另外移动平台的开发需采用交叉编译的方式来编译能够在终端平台上运行的应用程序。

3．有限的硬件资源

移动平台的硬件资源往往受到功耗的要求，处理能力受到很大限制，同时移动平台的存储能力也低于普通PC。因此在移动平台上运行的应用程序需要考虑程序的硬件资源占用率，同时要考虑低功耗的应用开发方法。

本章小结

本章主要介绍了 UMPC、MID、智能手机、平板电脑等典型的移动设备类型，阐述了Android、MeeGO、IOS 等主流移动平台软件系统的组成、特点和发展分析，使读者对移动平台在整体上有了一个初步的认识。本章还介绍了移动平台应用开发的典型特点，移动应用软件开发者必须高度关注和重视这些特点。

习题

1. 请说出 3 种移动平台软件系统，并举例分析其中的一种的特点。
2. 移动应用软件开发的主要特点有哪些?

第二章 移动多媒体应用概述

伴随着近年来移动终端和移动网络的发展，在移动环境中实现的多媒体，即移动多媒体，也渐渐成为人们关注的焦点。移动多媒体具有更便捷的获取方式，更广泛的受众，更丰富的表现形式，随时随地的分享等优点，被称为继报纸、广播、电视和互联网媒体之后的“第五媒体”。

移动多媒体和3G技术密不可分，智能手机的发展也极大地促进了移动多媒体的发展。移动多媒体不仅仅限制在手机终端上，还包括UMPC、上网本、MID等终端形式。

本章首先介绍传统多媒体和相关技术，在此基础上介绍移动多媒体技术、应用、特点和硬件开发的限制，希望读者能够通过本章学习，对“移动多媒体”有一定的认识和了解，为后续章节的学习奠定基础。

2.1 多媒体和多媒体技术

2.1.1 多媒体概念

认识多媒体和移动多媒体，首先从认识“媒体”开始。“媒体”这个词源于拉丁语media，原本的意思是“两者之间”。通常意义上的媒体，就是人类信息的载体和表现形式，人类通过感官系统接收和发送这些信息。通常将信息的发送和接收方称为信息源和信息接收者。

媒体的形式是多种多样的，它可以是文字、声音、图形、图像、视频和动画等人类可以感觉到的表现形式，也可以是承载这些表现形式的图书、报纸、广播、电视、互联网等。

国际电信联盟（International Telecommunications Union，ITU）将媒体定义为5种类型。

- 感觉媒体：指能直接作用于人的感官，使人产生感觉的媒体，如上文提到的文字、图形、图像、声音、视频和动画等。
- 表示媒体：指人为构造出来的一种媒体，或者说是感觉媒体在计算机中的表达形式，目的是能够更有效地加工、处理和传输感觉媒体，如文本编码、图像编码和音频编码等。
- 显示媒体：指感觉媒体和用于通信的电信号之间转换用的一类媒体，又分为输入显示媒体和输出显示媒体等，如键盘、扫描仪、摄像头、话筒、显示器、打印机、耳机和音箱等。
- 存储媒体：指用于存储数字化表示媒体的存储介质，如磁带、磁盘、光盘、闪存盘和CD-DVD等。
- 传输媒体：指用来将表示媒体从一点传输到另一点的物理传输介质，如同轴电缆、双绞线和光纤等。

这种分类按照层次结构对媒体进行了划分，但是5种类型的媒体之间是存在关系的。感觉媒体通过显示媒体输入和输出，然后经过编码变成表示媒体，表示媒体通过存储媒体进行存储，通过传输媒体进行传输，显示媒体最终和媒体的信息源和接收者交互。如图2-1所示。

在实际应用以及本书中，媒体经常指的是狭义的"感觉媒体"，而把表示媒体看成是媒体技术，显示媒体、存储媒体和传输媒体看成是媒体的硬件环境。这并不会影响读者对媒体的理解。

理解媒体概念之后，多媒体的概念就变得十分自然，简单地说，就是"多种媒体的融合"。

ITU 对多媒体概念的描述为：使用计算机交互式综合技术和数字通信网络技术处理多种表示媒体，如文本、图形、图像和声音，并使多种信息建立逻辑连接，集成为一个交互式系统。

可以看到，多媒体以计算机技术和通信技术为基础，将多种媒体（感觉媒体）进行融合和表现。多媒体使得信息的表达更加丰富，并更易于人们理解，因此被广泛应用到很多领域中；多媒体的应用也对计算机技术，如存储、编码、压缩、传输和显示等提出了更高的要求。

2.1.2 多媒体中的媒体元素

多媒体中的媒体元素，主要指的是媒体定义中的感觉媒体类型，通常包括文字、图形图像、活动图像（视频和动画）、音频和体感等内容，这些类型也决定了其表示媒体的不同和所采用的获取、处理、传输和显示等技术的不同。媒体元素类型如图2-2所示。

本节按照媒体元素类型对每种元素进行介绍，包括相应的一些基本概念和技术。

图2-1 5种媒体类型之间的关系

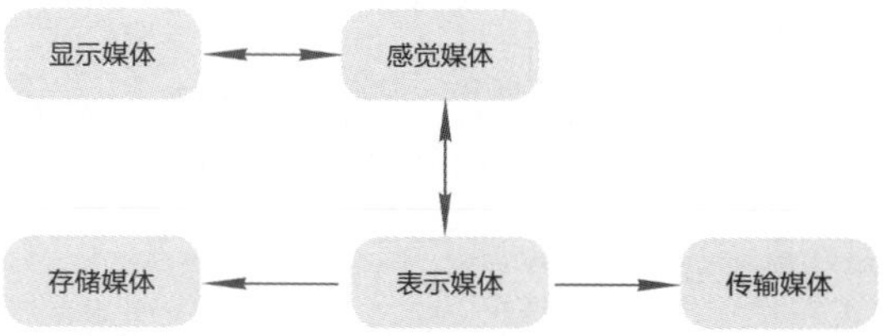

图2-2 多媒体中的媒体元素

1．文字

文字，也称为文本，是报刊和图书等单媒体时代最基本的媒体元素，也是计算机系统中最常用的信息存储、传输和表达方式。文字和人类文明息息相关，不同的文字除了承担着信息和知识，也表现着一个民族或者国家特定的文化。

对文字进行扩展，包含需要表示语义的各种标点符号、图形符号和数学符号等，经常被称为“字符”。字符集是多个字符的集合，通常与一个国家的语言相对应，因此存在很多不同的字符集。对字符和字符集进行编码是研究较早的一个问题，也经历了很多阶段。常见字符集包括以下几种。

- ASCII字符集：美国信息互换标准代码（American Standard Code for Information Interchange，ASCII）是基于罗马字母表的一套计算机字符编码系统，它主要用于显示现代英语和其他西欧语言。在计算机的存储单元中，一个ASCII码值占一个字节，其最高位为奇偶校验位，是现今最通用的单字节编码系统。但是ASCII字符集表达能力有限，对于中文和很多单字，该字符集很难进行覆盖。
- GB2312字符集：GB2312字符集又称为GB2312—1980字符集，由原中国国家标准总局发布，是中国国家标准的简体中文字符集。它所收录的汉字已经覆盖99.75%的使用频率，基本满足了汉字的计算机处理需要，在中国大陆和新加坡被广泛使用。它是用双字节表示的。在此基础上对其改进和扩展的是GBK字符集。与GB2312同期比较有影响的字符集还有中国台湾地区使用的BIG5 字符集。
- Unicode字符集：通用多八位编码字符集（Universal Multiple-Octet Coded Character Set，Unicode）使用十六进制数字，书写时在前面加上前缀“U+”。它支持650种以上语言，支持现今世界各种不同语言的书面文本的交换、处理及显示。Unicode字符集具体使用方式包括UTF-8、UTF-16和UTF-32等。
- GB18030 字符集：GB18030的全称是GB18030—2000，是汉字编码国家标准。该标准的字符总编码空间超过150万个编码位，收录了27 484个汉字，覆盖中文、日文、朝鲜语和中国少数民族文字，满足中国大陆、香港、台湾等地区和日本、韩国等东亚国家信息交换多文种、大字量、多用途、统一编码格式的要求。GB18030标准采用单字节、双字节和四字节3种方式对字符编码。与Unicode 3.0版本兼容。

在文字的处理中，只包含字符编码的称为“未格式化正文”（Plain Text），如在早期的DOS系统和Linux的shell下显示的命令行提示和命令等。

但是在现在大多数情况下，为了显示效果更加直观易读，文字的属性通常还包括字号、字形、颜色、文本效果等，而文本整体也有段落、页眉页脚、章节等属性。称这种文字为

“正规化正文”（Rich Text），将这种文本存储的形式称为“文档”，而将描述文档组织结构和规则称为“文档格式”。存在以下两种类型的文档格式。

- 结构描述格式：除了包含文字信息外，还包括文档的控制信息，用来表示文档中不同的结构部件。在文档输出时，会自动产生特定的文档元素，如TEX、LETEX、SGML和HTML等。
- 页面描述格式：使用一种编程语言来描述可打印的文档页面，这种语言可以由手工编写，也可以由程序和工具自动生成，但是必须可以在打印机中被解释执行，从而产生输入，如Post Script等。

文字的输入方式主要有键盘输入、手写板输入等；输出方式主要有显示器、打印机等；存储格式主要有最简单的TXT格式、微软的Word使用的DOC格式、Adobe公司的PDF格式、超文本文件的HTML格式，以及各种电子书软件支持的不同文本格式等。

2. 图形和图像

人类早在文字发明以前，就学会使用图像记录信息，传达感受；语言和文字发明之后，图像依然由于其直观、易懂等特性，作为信息表现的辅助载体被广泛应用。可以说图像是人类极为重要的一类信息载体。总的来说，图像是各种图形和影像的总称。目前的图像大致可以分为位图和矢量图两种类型。

- 位图以点阵形式描述图像，也就是定义一个二维函数 $f(x, y)$，x 和 y 是空间坐标，对应的 $f(x, y)$ 的值是图像的灰度、强度或色彩值。当 x、y 和 $f(x, y)$ 的值为离散数值的时候，称该图像为数字图像。
- 矢量图以数学方法描述，由几何元素组成。矢量图像具有缩放后分辨率不变的特点，因此在专业级的图像处理中运用较多，也将其称为图形。

图像是被人们研究得较深入的一类媒体，图像处理技术也是计算机科学中发展较早并且比较成熟的一类技术。本书在接下来的内容中，不对图形和图像作专门的强调区分，它们经常一起出现，分别代表矢量图和位图，如果只是出现图像，则通常代表的是这两种类型的总和。

数字图像由有限的元素组成，这些元素具有自己特定的位置和值，是构成图像的基本单位，称其为图像元素，或简称为像素。

衡量图像一个很重要的指标是分辨率，包括空间分辨率和灰度分辨率（在彩色图像中，是色彩分辨率）两种类型。空间分辨率是图像中可分辨的最小细节，灰度分辨率是在灰度级别中可分辨的最小变化（或者色彩分量级别中可分辨的最小变化）。一般来说，当提到分辨率这个词时，大多数情况下指的是前者。分辨率越高的图像，其可视效果越清晰，表现的细节越丰富，但相应地也占用更多的存储空间，处理时需要更多的计算代价。因此常常需要在图像分辨率和其他方面进行一个权衡和折中。人眼对于图像的分辨率是有限制的，这个特点也经常被用在图像处理的各种技术中。

图像可以分为灰度图像和彩色图像两种类型。对于彩色图像，需要使用一种彩色模型来表达其色彩值。常用的有RGB模型、CMYK模型和HSL模型等。

- RGB模型使用光学三原色——红、绿、蓝来表示一个颜色，经常用在显示器和摄像机等硬件中。
- CMYK使用减色模型三原色——青、深红、黄和补充的黑色来表示一个颜色，主要用于彩色打印机。
- HIS使用色调、饱和度和亮度来表示一个颜色，这种方式最符合人们对颜色的描述和认知。

几种彩色模型之间可以通过数学运算进行相互转换。

图像在文件中进行存储，图像文件也是平时人们接触图像最直接的方式。图像文件有很多种格式，它们往往体现在不同的编码和压缩方式上。常见的包括以下几种。

- BMP：是PC上最常用的位图格式，有压缩和不压缩两种形式，该格式在Windows环境下很稳定，在文件大小没有限制的场合中运用极为广泛。
- GIF：是一种经过压缩的图形格式，可以在各种平台的各种图形处理软件上处理，但是其存储色彩最高只能达到256种，常用来制作动态图片。
- JPG：是可以大幅度压缩图形文件的一种图形格式，其压缩比非常高，而且色彩数最高可达到24位，被广泛应用于网络显式或存储。
- TIF：是存储细节很多的一类图形格式，文件体积庞大，有利于原稿阶调与色彩的复制，有压缩和非压缩两种形式。
- DIF：是在AutoCAD中使用的图形文件，以ASCII方式存储图形，表现图形在尺寸大小方面十分精确，可以被CorelDraw和3ds max等软件调用编辑。
- WMF：是Microsoft Windows图元文件，具有文件短小、图案造型化的特点。该类图形比较粗糙，并只能在Microsoft Office中调用编辑。
- PSD：是Photoshop中的标准文件格式，专门为Photoshop而优化的格式，可以保持Photoshop中的所有图层和操作信息。
- IFF：该类图像效果逼真，常用于大型超级图形处理平台，同时也十分占用内存和计算资源。

图像的获取方式主要有照相机和扫描仪等，也经常在计算机中生成；输出方式主要有显示器、打印机等；比较重要的图像处理技术包括图像增强、图像复原、图像压缩、图像分割、图像描述和识别等。

3．音频

在现实世界，人们对于视觉的依赖程度要远高于听觉，但是在计算机领域却并不是如此。声音效果对于计算机多媒体应用，如视频、动画、游戏等的表现效果有重要作用。

简单说来，人们能听到的声音都可以称为音频。在计算机技术中，音频也是通过数字信号进行编码、存储、处理和传输的，称之为音频处理技术。这里包含一个从模拟信号到数字信号的转换过程，即A/D转换。但是人类无法识别数字信号的音频，因此，在音频表达被人接收时，需要经过一个从数字信号到模拟信号的转换过程，即D/A转换。

采样率是在数字信号处理中很重要的一个概念，也是音频编码和转换的重要指标。声音的原始载体是模拟信号，而模拟信号本身是连续的，在对其进行数字化的过程中，需要获取离散的数值点进行存储和处理。在原有模拟信号波形上每隔一段时间取点并赋予每个点一个数值的过程称之为“采样”，单位时间内采样越多，描述的波形就越精确，这个尺度就称之为“采样率”。同人眼一样，人耳的分辨能力也是有限制的。最常用的采样精度是44.1kHz，经过反复实验，人们发现这个采样率对人耳分辨能力来说最合适。

另一个比较重要的概念是比特率。比特是对波形振幅的描述，将波形振幅划分为若干个等级，并根据模拟信号的轻响将其划分到某个等级中，这个划分的尺度就是“比特率”。和采样率一样，比特率越高，越能细致地反映乐曲的轻响变化。也常说“动态范围”，单位是分贝（dB）。动态范围和比特率的关系是：比特率每增加1比特，动态范围就增加6dB。一般来说，20比特时，动态范围是120dB，对于表现音乐的强弱已经足够了。

在音频的采集过程中常常会有噪声出现，也就是不承载所需要的声音，但是出现在音频中的信息。信噪比（S/N），又称为讯噪比，也是数字信号处理中一个重要概念，指的是信号的有用成分与杂音的强弱对比，常常用分贝（dB）表示。设备的信噪比越高表明它产生的杂音越少。

和图像文件格式相同，音频也存在很多格式。现在比较流行的音频格式主要有以下几种。

- CDA：这是现今音质最好的音频格式，是唱片采用的格式，又叫“红皮书”格式，记录的是波形流，绝对的纯正，但缺点是无法编辑，文件长度太大。
- WAV：微软公司开发的一种声音文件格式，该格式记录声音的波形，故只要采样率高、采样字节长、机器速度快，利用该格式记录的声音文件能够和原声基本一致，质量非常高，但这样做的代价是文件太大。

- MP3：现在最流行的声音文件格式，它指的是MPEG标准中的音频部分，也就是MPEG音频层，因其压缩率大，在网络传输和分享中应用广泛，但是由于是有损压缩，在音质上不能令人非常满意。
- RA：具有强大的压缩量和极小的失真，与MP3相同，它是为了解决网络传输带宽资源而设计的，因此主要目标是压缩比和容错性，其次才是音质，主要适用于网络上的音乐欣赏。
- MIDI：目前最成熟的音乐格式，作为音乐工业的数据通信标准，MIDI能指挥各音乐设备的运转，而且具有统一的标准格式，能够模仿原始乐器的各种演奏技巧，甚至做出无法演奏的效果，而且文件非常小，最大用处是在计算机作曲领域。

音频的主要获取方式包括话筒和录音笔等；输出方式主要包括耳机、音箱、家庭影院等；音频处理技术主要包括音频采集、语音编码与解码、文语转换、音乐合成、语音识别与理解、音频数据传输、音频视频同步和音频效果与编辑等。

4．视频和动画

人在现实生活中获取的信息除了与空间相关外，还经常与时间相关，特别是对于视觉来说，人们捕获的总是连续的场景，而非静止的画面。在计算机领域中，也希望通过某种媒体，将这种与时间相关的连续信息表示出来，也就是一种“动态的图像”。

对人眼来说，当连续的图像变化每秒超过24帧画面以上时，根据视觉暂留原理，人眼无法辨别单幅的静态画面，而看上去像是平滑连续的视觉效果。这是实现“动态图像”依据的基本原理。

这种动态图像是连续渐变的静态图像或图形序列，沿时间轴顺次更换显示，从而构成运动视感的媒体，包括动画和视频两种形式。当序列中每帧图像是通过实时摄取自然景象或活动对象时，称为视频；当图像是由人工或计算机产生时，称作动画。也有人认为，运动的图像称为视频；运动的图形称为动画。实际上，这两种分类法都不是十分准确，同图形和图像一样，本书不对视频和动画作专门的强调区分，但是单独出现视频或动画词汇时，本书倾向于使用第一种分类法进行定义。

动态图像的表现常常与音频配合进行，二者的共同基础是时间连续性。

最早的视频技术主要用于电视系统，但是随着计算机应用和网络发展，现在视频技术广泛应用在计算机和网络上。在视频中经常用到以下一些概念。

- 帧率：指视频每秒钟播放的静态画面的数量，单位为fps（Frame Per Second）。早期的帧率一般在6～8fps，现在各国制定的标准不等，总的来说在20～30fps，电影胶卷采用24fps拍摄，要达成最基本的视觉暂留效果大约需要10fps的帧率。
- 扫描方式：视频可以以交错扫描或循环扫描两种方式来传递。早期经常使用交错扫描，而循环扫描在每次画面更新时会刷新所有的扫描线，它比交错扫描消耗更多的带宽，但是能减少交错扫描时出现的画面闪烁与扭曲等问题。
- 视频分辨率：视频分辨率与图像分辨率具有类似的含义，数字视频以像素为度量单位，模拟视频以水平扫描线数量为度量单位，而新兴的三维视频则以体素（Voxel）为度量单位。
- 长宽比例：传统电视与电影画面长宽比例用来描述视频画面与画面元素的比例。传统的电视屏幕长宽比为4∶3，高清电视（HDTV）屏幕的长宽比为16∶9，而35mm胶卷底片的长宽比约为1.37∶1。在计算机屏幕上显示的视频通常也采用4∶3和16∶9这两种方式。
- 视频品质：或称为画质，可以利用客观的峰值信噪比来度量，或借用专家的观察来进行主观的评量。在ITU-T建议书BT.500当中描述了许多种进行主观画质评量的方法。

目前一些主流的视频格式包括以下几种。

- MPEG：这类格式包括了MPEG-1, MPEG-2和MPEG-4在内的多种视频格式，现在最常用的是MPEG-4，其压缩比很高，但画质和音质没有受到太大的影响。
- AVI：音频/视频交错的英文缩写，是由微软公司发布的视频格式，它调用方便、图像质量好，缺点是文件体积过于庞大。
- RM：Real Networks公司制定的音频/视频压缩规范Real Media中的一种，Real Player能够利用Internet资源对符合Real Media技术规范的音频/视频进行实况转播。
- MOV：QuickTime是Apple公司用于Mac计算机上的一种图像视频处理软件，提供了两种标准图像和数字视频格式，可以支持静态的PIC和JPG图像格式，动态的包括基于Indeo压缩法的MOV和基于MPEG压缩法的MPG视频格式。
- WMV：是微软发布的一种独立于编码方式的、在Internet上实时传播多媒体的技术标准，主要优点是可扩充的媒体类型、本地或网络回放、可伸缩的媒体类型、流的优先级化、多语言支持和扩展性等。
- RMVB：是一种由RM视频格式升级延伸出的新视频格式，打破了原先RM格式平均压缩采样的方式，在保证平均压缩比的基础上合理利用比特率资源，在保证了静止画面质量的前提下，大幅地提高了运动图像的画面质量。

此外还包括手机上经常使用的MP4格式等。

对动画进行更深入的讨论，可以将动画扩展为广义和狭义两类。

- 广义的动画是一种集合了绘画、漫画、电影、数字媒体、摄影、音乐和文学等众多艺术门类于一身的艺术表现形式。从制作技术和手段看，动画可分为以手工绘制为主的传统动画和以计算机为主的计算机动画；按动作的表现形式来区分，动画大致分为接近自然动作的“完善动画”和采用简化、夸张的“局限动画”；从空间的视觉效果上看，可分为二维动画和三维动画；从播放效果上看，可以分为顺序动画和交互式动画；从每秒放的幅数来讲，还可以分为全动画和半动画等。
- 狭义的动画主要指的是前文给出的定义，也就是在计算机应用领域所特指的动画。相对于动画的艺术特性，更强调它的技术特性和实现手段。本书中涉及的动画的概念，主要是它的狭义定义，并与视频一起，构成“动态图像”。

视频和动画的获取手段主要包括摄像机、运动捕捉系统和计算机生成等；输出方式主要是借助显示器；视频处理用到的主要技术包括视频压缩、视频编码转换和视频位元传输等；动画的相关技术主要包括基于关键帧的动画生成、基于场景变化的动画生成等。

5. 体感和人机交互

除了以上多媒体领域都会提到的文本、图形、图像、音频、视频和动画等感觉媒体形式，在比较新的多媒体系统和应用中，触觉这一人类很重要的获取信息方式也被考虑进来。通过各种传感装置获取触觉信息，并进行加工和表达，将是多媒体领域另一个值得关注的媒体类型。一般将这种新的媒体形式称为“体感”。

体感元素对于人机交互十分重要。笔记本电脑很早就引入触摸板技术作为一种输入方式，一些大型游戏机（如驾驶系统）也采用触觉作为游戏输入和输出的一部分来加强其可玩性；任天堂公司推出的Wii游戏机在控制器端能够很好地识别人体的姿势，并以此实现模拟很多实际运动作为游戏方式；Google公司开发的智能手机系统引入了多点触摸（Multi Touch）技术和重力系统，极大地扩展了人机交互方式和娱乐性；在虚拟现实的应用中（如战场模拟、飞行模拟）引入体感将提高其真实感，用于训练等。

2009年美国MIT媒体实验室推出了“第六感”系统，由移动投影仪与网络摄像机及移动电话组合，实现在任何物体表面上的触摸手势与第六感设备互动，推出之后取得了很轰动的效果，它也为多媒体和人机交互的新方式探索提供了思路和方向。

2.1.3 多媒体技术

读者对多媒体已经有了一定的了解，而多媒体技术指的是通过计算机相关技术手段，结合视频技术、音频技术、电子技术和通信技术等，实现文字、声音、图形、图像、视频、动画和体感等多种媒体形式的获取、融合、处理、传播和表现。多媒体技术使得计算机系统具有更好的用户体验和人机交互方式，使其承载更多的信息，并具有更丰富生动的表现形式。

多媒体技术涉及很多具体的知识和技术，可以按照不同分类形式对其进行简单的划分。

- 从媒体表现形式来说，包括文字处理技术、音频处理技术、图形图像处理技术、视频处理技术和动画处理技术等。
- 从媒体处理流程来说，包括媒体获取技术、编码与压缩技术、多媒体系统技术、多媒体信息组织与管理技术、多媒体网络通信技术、人机接口与虚拟现实技术、数据检索技术和多媒体应用技术等。
- 从计算机体系层次来说，包括多媒体硬件技术、多媒体操作系统技术、多媒体中间件技术、多媒体交换技术、多媒体数据库技术和多媒体表现技术等。
- 从媒体应用领域来说，包括超媒体技术、基于内容检索技术、多媒体通信中的QoS管理技术、多媒体会议系统技术、多媒体视频点播与交互电视技术和虚拟实景空间技术等。

在前面的多媒体媒体元素的介绍中，已经对多媒体技术中的主要技术进行了简单的介绍。本节主要介绍多媒体中重要的两种技术：数据编码与压缩技术和流媒体技术。

1. 数据编码和压缩

人类社会蕴含的信息是海量的，文字、图像、音频、视频、动画等信息和表示媒体如果不经过处理，也将是海量的，而且无法处理、存储和传输。因此，需要对海量的信息进行一定的压缩处理。

事实上，并不是所有的信息都是有意义的，一些信息存在着冗余或者相关性，使得去掉其中的一部分后，承载的内容不会发生改变。这些冗余主要表现为以下几种。

- 空间冗余：这是图像数据中经常存在的一种冗余，在规则物体和规则背景组成的图像中，像素间的关系呈现某种规则，使得其存在相关性，一些像素能够通过周围的像素来表达，这些像素就是空间冗余的。
- 时间冗余：这是动态图像（包括视频和动画）和音频中经常存在的一种冗余，图像序列中相邻的图像之间往往存在相关性，音频信息也经常是连续渐变而不是突然改变的，这些关系导致时间冗余。

- 知识冗余：对很多媒体表现的信息来说，人们对其是有一定的先验知识的，承载表现这些先验知识能表达的内容的信息就是一种知识冗余。
- 感知冗余：人对于信息的获取是有能力限制的，比如只能识别某段波长的光和某段频率的声音，而视觉和听觉也都有一定的分辨率限制，在图像、音频等媒体中，超过人的感官系统能识别的信息就是感知冗余。
- 心理冗余：人对媒体的认知是一个主观过程，受到一些心理因素影响，使得人更容易关注一部分信息而忽视另一部分信息，那么不被人重视的那部分信息就没有必要体现太多细节，虽然这部分信息本身实际并不是冗余的，但是相对于人来说是一种心理冗余。

从20世纪40年代起，人们就开始研究数据压缩技术，其中也包含了很多以信息论知识为基础，与数据压缩相关的现有的技术和方法。

从是否可以对压缩信息进行完全恢复来说，可以分为以下两种类型。

- 无损压缩：也就是可逆编码，压缩后的数据通过压缩规则的逆规则可以对其进行无信息丢失的重建，如哈夫曼编码、算数编码和游程编码等，一般针对空间冗余、时间冗余和知识冗余进行的压缩可以利用无损压缩。
- 有损压缩：也就是不可逆编码，压缩后的数据通过压缩规则的逆规则得到的信息与原始信息相比有信息丢失且无法恢复，有损压缩往往能取得更高的压缩比，但是需要在对丢失信息不敏感的场合才能使用，上述介绍的几种冗余都可以使用有损压缩。

从压缩原理来说，压缩方法包括预测编码、变换编码、量化与向量化编码、信息熵编码、子带编码和模型编码等，本书不再详细介绍。

2. 流媒体

流媒体是多媒体使用的重要技术，通过高压缩比编码和内容流式处理形成流媒体。所谓流媒体是指采用流式传输的方式在网络上传输媒体信息，在播放前并不下载整个文件，只将开始部分内容存入内存，即可使媒体数据正确地输出。因此用户不需要等待整个文件下载完成，而是经历开始的一点延迟后，即可边下载边播放。因此，流媒体不是一种新的媒体形式，而是一种多媒体的传输方式。

总的来说，有以下两种生成流媒体的方式。

- 不使用特殊的协议，仅通过HTTP协议和满足数据传输速率要求的传输通道，来传输文字、网页、图片、音频和视频等，也称为渐进式流媒体。

- 需要特殊的协议和特殊的服务器来传输多媒体信息，也称为实时流媒体，这也是在实际应用中经常使用的方式。

流媒体处理流程一般包括编码、缓冲、传输和播放4个步骤，如图2-3所示。

- 编码：由于传输能力的限制，多媒体数据必须进行预处理后才能适合流式传输。采用先进高效的压缩算法，将多媒体信息进行压缩，压缩后的编码资料可以进行多路传输，并且放在能够实现流的方式的文件结构中。
- 缓冲：以包传输为基础进行断点续传的异步传输无法满足按照顺序到达的流媒体传输需求，因此使用缓存系统来弥补延迟和抖动的影响，并保证数据包的顺序正确，从而使媒体数据能连续输出，而不会因为网络暂时拥塞使播放出现停顿。
- 传输：用户选择流媒体服务后，终端与服务器通过HTTP/TCP协议交换控制信息，之后客户程序和服务器运行实时流控制协议（RTSP）以交换传输所需的控制信息，最后服务器通过RTP/UDP协议将数据传输给客户。
- 播放：数据到达客户端后，客户端通过流媒体播放器将数据包进行解压缩并播放，播放方式有单播、组播、点播和广播等几种方式。

当前，实现流媒体的技术主要有以下3种类型。

- 苹果公司的QuickTime技术：其最大的特点是一个开放式架构，本身具有很强的包容性，使得它是一个完整的多媒体平台。在视频压缩上采用的是SorensonVideo技术，音频部分则采用QDesignMusic技术。QuickTime流媒体技术实现需要QuickTime播放器、QuickTime编辑制作和QuickTimeStreaming服务器3个软件的支持。
- RealNetworks公司的RealMedia技术：发展的时间比较长，因此具有很多先进的设计，如ScalableVideoTechnology可伸缩视频技术、Two-passEncoding两次编码技术、SureStream自适应流技术等。Real流媒体技术需要RealPlayer播放器、RealProducer编辑制作和RealServer服务器3个软件的支持。
- Microsoft公司的WindowsMedia技术：WindowsMediaVideo采用的是MPEG-4视频压缩技术，音频方面采用的是WindowsMediaAudio技术。其关键核心是MMS协议和

图2-3　流媒体处理流程

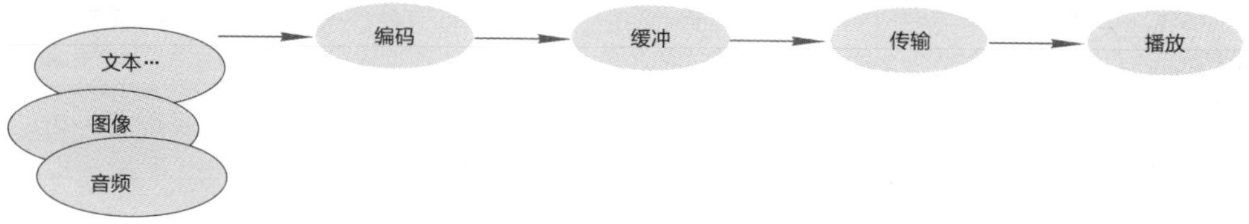

ASF数据格式，MMS用于网络传输控制，ASF则用于媒体内容和编码方案的打包。WindowsMedia流媒体技术的实现需要WindowsMedia播放器、WindowsMedia工具和WindowsMedia服务器3个软件的支持。

2.1.4 多媒体系统

应用多媒体技术，开发多媒体应用，需要建立一个多媒体系统。这个系统由硬件和软件两部分组成。多媒体硬件包括要实现多媒体技术必须具备的硬件设备；而多媒体软件则构建从硬件驱动到用户应用的几个抽象层。如图2-4所示。

1. 多媒体硬件系统

多媒体硬件系统可以分为输入硬件、输出硬件、存储硬件、处理硬件和传输硬件几种类型。

- 输入硬件：获取多媒体的硬件，包括键盘、数码相机、扫描仪、录音笔、话筒和传感器等，也包括很多专业领域使用的较为先进的专业输入设备。
- 输出硬件：将多媒体进行表现的硬件包括显示器、打印机、耳机、音箱和投影仪等，也包括全息投影等先进的输出形式和相关设备。
- 处理硬件：对多媒体进行处理的硬件主要包括CPU、显卡、声卡和DVE等主要设备。
- 存储硬件：存储多媒体信息的硬件包括磁带、磁盘、闪存盘、CD、MD、VCD、DVD、HD-DVD和蓝光等。

图2-4 多媒体系统

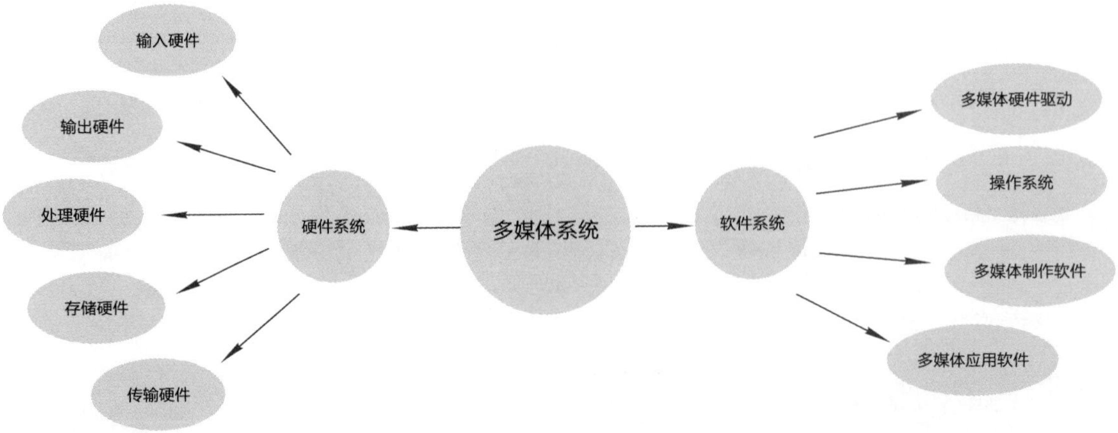

- 传输硬件：实现多媒体信息在网络上进行传递的硬件包括网卡、无线网卡、路由器、交换机、双绞线和光纤等。

这和读者平时接触到的计算机常见硬件基本是一致的，在前面的内容中也有涉及。不同的是，为了实现较好的多媒体效果，除了依赖特定的输入、输出设备外，对硬件整体的要求也比较高。比如要运行一个渲染效果很华丽的游戏，就需要很好的显卡；要实现一些虚拟现实应用，就需要比较大的内存和比较强的CPU运算能力；要在网络环境中观看视频和动画，或者运行网络游戏，就需要比较大的带宽等。

2．多媒体软件系统

多媒体软件，是实现多媒体表现和应用十分重要的部分，可以按照抽象层次分为多媒体驱动程序、操作系统、多媒体制作工具和多媒体应用软件4个层次。

- 多媒体驱动程序是操作系统和各种多媒体硬件之间的接口，由于多媒体的输入和输出设备是多种多样的，驱动程序应该能够很好地屏蔽这种多样性并尽量使设备做到“即插即用”。
- 操作系统提供多媒体支撑功能，如图像、视频、音频等的调度、存储和管理等，使多媒体高效地完成任务处理。
- 多媒体制作工具为多媒体应用开发人员提供相应的工具，如图像处理软件Photoshop、网页制作软件Dreamweaver、视频制作软件Premiere和动画软件Maya等。
- 多媒体应用软件是指面向普通多媒体用户的一类应用软件，包括常用的文本与图像查看软件、视频/音频播放器等。

2.1.5　多媒体发展和应用

1．多媒体发展历史

人类社会的发展伴随着媒体表现和传播形式的发展。原始社会人们通过简单的图形符号传达信息；语言的出现使得人们将声音作为主要媒体形式；传统的书籍通常以文字作为单媒体形式，偶尔会出现图形或图像来辅助理解；在电视技术出现后，将声音、图形、图像结合起来，形成了更丰富的媒体形式；随着计算机和网络技术的发展，将以上各种媒体形式综合起来表现，帮助人们充分利用感官功能，从各种方式获取和理解信息。

计算机硬件的发展催生了多媒体技术的发展。20世纪80年代显卡的出现，使得计算机具备了初步的图像处理能力；而PC上声卡的出现，使得计算机具备了处理声音的能力，同时也为多媒体技术发展提供了充分的条件；20世纪90年代后，网络的推广和网络传输能力的不断提高，使得多媒体从单机走向互联互通的更广泛的发展和应用空间。

人们对文字与图形图像的研究相对较早，并取得了很多成果，在多媒体应用中广泛使用；而多媒体技术发展则主要包括了视频和音频两大方向。从1992年AVI出现开始，视频技术进入蓬勃发展时期，这个时期内的3次高潮主导者分别是AVI、Stream（流格式）及MPEG。AVI的出现为计算机视频存储奠定了一个基础；Stream使得在网络传播视频成为非常轻松的事情；MPEG则将计算机视频应用进行了最大化的普及。音频技术的发展大致经历了两个阶段，一个是以单机为主的WAV和MIDI，一个就是随后出现的形形色色的网络音乐压缩和分享技术。

操作系统，甚至从指令集层次开始，就不断加入对多媒体功能的支持，并为不断改进多媒体相关性能，对系统进行优化。图片查看器、音视频媒体播放器、网络和流媒体播放器等不断完善。从20世纪90年代开始，以PhotoShop、Maya和Flash等为代表的多媒体制作软件开始出现，并逐渐扩展到文字、图形图像、动画、视频和音频等媒体元素和其集成应用中，越来越成熟的软件也使得更多的人参与到多媒体应用和制作中来。

在多媒体刚刚兴起的时代，计算机分类中曾经有“多媒体计算机”之说，事实上到了现在，平时使用的计算机都已具备一定的多媒体获取、处理、存储、传输和显示能力，而人们也在不知不觉中不断地和多媒体打交道。随着硬件技术的提高、网络的推广、处理技术的成熟和软件的广泛应用，多媒体时代终于到来。在单色的屏幕上单纯通过命令行操作计算机的年代已经一去不复返了。

即使在最近的几年里，多媒体和相关技术依然发展迅速，2010年被业内人士称为“多媒体年”，一些多媒体及其相关的重大事件不断吸引着人们的眼球并成为大家讨论的焦点。

2. 多媒体应用

如今，多媒体技术已经应用在计算机和网络的方方面面并改变着人们的生活、学习和工作方式，如网上冲浪、视频会议、虚拟现实、数字家庭视听、电子商务、计算机动画和电子游戏等。

- 多媒体技术在商业上的应用：首先，是应用在各类办公软件、视频会议和计算机辅助设计上；其次，是现在很流行的网上购物、电子商务等。
- 多媒体技术在教育上的应用：现在大多数高等院校都采用多媒体进行教学，在中小学也正在不断尝试和推行。多媒体教学能够极大地提高教学效率和学生的学习兴趣。

- 多媒体技术在家庭上的应用：包括数字家庭视听和各类单机的或基于网络的音频、视频播放、电子游戏等，提供了更丰富的休闲和娱乐方式。
- 多媒体技术在公共场合的应用：能够在车站、餐厅、机场、商业区等公众场合提供方便快捷的多媒体信息展示，方便公众的信息获取和生活。
- 多媒体技术在虚拟现实上的应用：虚拟现实通过多媒体技术、人机交互技术等实现对真实环境的模拟仿真，获得很好的沉浸式体验，可以进行虚拟训练等。

在未来的一段时间里，多媒体的发展依然是激动人心的，多媒体技术也将继续成为人们研究、关注、实现和应用的热点。这部分内容将在移动多媒体部分更加详细地叙述。

3．多媒体行业概览

在整个多媒体行业，有专注于硬件的厂商，也有专门开发软件的企业，还有面向综合软硬件技术开发推广多媒体应用的公司。

在多媒体硬件方面的厂商及其产品主要分为：从事视觉显示硬件设备的厂商、处理音频设备的厂商，以及游戏机、手机等家用或者手持设备的厂商。

在显示设备方面，目前主要的显示设备是计算机和手机上的显卡，主要有英伟达（nVidia）和兼并了ATI的AMD公司两家企业。其中nVidia公司首先在20世纪90年代提出了独立于CPU，针对计算机图形显示的图形处理器（GPU）的概念，并且推出一系列Geforce显卡。但是近几年又出现了GPU与CPU合并的趋势，nVidia的Tegra及AMD的Fusion显示芯片都集成了通用CPU和3D硬件图形处理的功能。

多媒体的音频设备方面由于板上集成声卡的流行，主要消费级别声卡厂商仅剩创新（Creative）和雅马哈（YAMAHA）等几家公司。

SONY公司是立足于各类多媒体硬件技术，致力于娱乐和数码消费品市场的著名厂商。作为SONY公司主要赢利来源的PlayStation系列游戏机对整个多媒体行业产生了深远的影响。与SONY公司在游戏机等交互娱乐领域齐头并进的主要对手是日本的任天堂公司，其代表人物是担任社长长达40余年的山内溥，和设计出《超级马里奥》顶级游戏的制作人宫本茂，他们利用并不领先的硬件，从游戏性、娱乐性出发，创造了多媒体行业的传奇。

在多媒体软件领域方面，有参与上层协议规范制定的组织或者企业，也有生产制作多媒体内容的工具软件企业。

多媒体的协议主要可以分为多媒体内容的视音频格式和传输算法和规范、多媒体应用开发接口定义标准等。主要上层组织包括国际标准化组织（ISO）及国际电工委员会（IEC）和它们旗下的MPEG组织，致力于数字存储媒体标准的研究和发布；国际电信联盟远程通信标准化组织（ITU-T）及其下属的VCEG组织，致力于数字化多媒体传输格式和标准的研究。

在多媒体应用开发接口方面，有致力于开放标准开发的Khronos协会，其掌握的OpenGL、OpenCL、OpenSL和COLLADA等，均是开放的三维图形、图像、音频等标准接口，有着大量硬件厂商的支持。比较有实力的公司也都在多媒体标准制定方面有自己的话语权，比如Microsoft公司的DirectX开发接口、Intel公司的AC97标准和nVidia的CUDA等。

在多媒体制作软件方面，有通过不断兼并壮大的Adobe和Autodesk等，凭借PhotoShop、Adobe Reader、3ds max、Maya、AutoCAD等有影响力的软件，成为多媒体内容制作软件的领军企业。另外，YAMAHA公司开发的VOCALOID 2语音合成引擎，及CRYPTON FUTURE MEDIA公司在此基础上包装推出的虚拟偶像“初音未来”，代表了多媒体内容制作软件的一种新的发展方向。

提到当今多媒体应用和内容制作行业，不能不提到引起轰动的美国3D IMAX电影《阿凡达》，卡梅隆的突发奇想以及高达5亿美元的投资，不仅为观众提供了一场试听的盛宴，而且推动了多媒体技术的发展，例如，IMAX的高清电影格式、3D显示技术、高速海量数据存储技术、并行图形渲染超级计算机和新的图形开发接口等。

在整个多媒体行业的发展历史上，电影行业也是最新多媒体技术的主要应用者和支持者，比如第一个应用杜比环绕声技术的多媒体产品是1992年的电影《蝙蝠侠归来》，真正推广了著名AC3音频技术；而第一次应用3D卡通角色渲染技术应用的是Pixar工作室的电影《玩具总动员》。

Pixar工作室目前被动画电影公司迪斯尼收购，但仍然是3D动画技术的领军组织之一。Pixar工作室的创立者是美国苹果公司的CEO乔布斯，乔布斯不仅在计算机行业作出了突出贡献，而且也是在多媒体应用方面的传奇人物，从最早苹果公司的多媒体个人计算机，到其后亲手创立的Pixar工作室，到现在移动多媒体的代表——苹果iPhone系列手机，其个人经历几乎贯穿了整个多媒体行业的发展历程。

多媒体行业另一个巨头是Google公司，旗下Youtube是世界上最大的在线视频网站。更值得一提的是在移动多媒体领域的Android手机系统平台，其创始人是著名的极客（Geek）安迪•鲁宾，其基本思想是利用开放的互联网作为移动多媒体手机内容的主要来源，从友好用户界面出发，采用开放的Linux Kernal和公开的Apache License开源协议广泛吸引公众和厂商参与移动多媒体应用的开发。

目前在个人PC领域最著名的游戏软件厂商要数动视暴雪公司，开发了在世界范围备受玩家喜爱和推崇的《使命召唤》、《暗黑破坏神》、《星际争霸》和《魔兽争霸》等系列游戏。

而在游戏机软件方面，主要有日本几家公司，例如，任天堂、世嘉、Capcom、Square-Enix和Namco等。

可以看到，多媒体行业目前仍处于蓬勃发展阶段，涉及很多的领域，并有世界上各大公司、组织和个人参与其中，不论是昙花一现还是领域巨头，他们都曾在多媒体技术发展过程中谱写精彩的篇章。

虽然本书关注的重点是移动终端多媒体开发和应用，但是用一节的内容来介绍传统多媒体是有意义的。

- 首先，它是移动多媒体发展的母体，移动多媒体技术和应用很多是与传统多媒体相似的，特别是感觉媒体类型没有太大变化。
- 其次，移动特性又决定了移动多媒体和传统多媒体有很多不同，需要考虑移动环境的很多问题，也带来了更多的变化、挑战和发展空间。

为了后续章节的学习，需要读者对传统多媒体和多媒体技术有一个基本的了解。本章之后内容将重点介绍移动多媒体。

2.2 移动多媒体技术

2.2.1 移动多媒体概念

通常把基于PC和互联网的多媒体称为继报纸、广播、电视之后的“第四媒体”。而随着各种移动终端的出现和发展，移动多媒体也自然而然地被人们称为“第五媒体”。由于移动终端具有携带和使用方便、可以随时随地接收和发送信息、互动性强等特点，具有广阔的发展空间和应用前景。因此，移动多媒体技术的研究和应用成为广播电视行业、通信行业和计算机行业等争相关注的热点。

要理解移动多媒体，可以分解为“移动”和“多媒体”两个关键词，其中的“移动”主要体现在两个方面。

- 移动设备：指的是各种移动终端，不同于网络多媒体以PC作为主要终端设备，移动终端具有多种形式，如手机、MP4、游戏机、掌上电脑等。
- 移动网络：传输多媒体信息的网络，由于移动终端的特性，与网路多媒体的基于双绞线或光纤的有线网络不同，移动网络是基于无线网络的。

在移动多媒体中，“多媒体”这个关键词也发生了相应的变化，依然从媒体的几个层面来进行分析。

- 感觉媒体：从这个层面上来看，和传统多媒体基本一致，主要包括文字、图形、图像、音频、视频、动画和体感等。
- 表示媒体：由于移动终端设备的一些特性，需要对在终端中表示感觉媒体的形式进行重新定义，包括不同的编码、压缩方式等。
- 显示媒体：移动终端具有与PC不同的输入和输出方式，这需要针对移动终端设备，重新考虑感觉媒体的获取和表现方式。
- 存储媒体：移动终端通常不具备PC那么大容量的存储能力和多级存储层次，这需要在存储媒体层面进行充分考虑。
- 传输媒体：移动网络的特点不同于有线网络，为了保证多媒体信息的传输，需要对移动网络的实现、协议各方面加以改进。

《移动电视：DVB-H、DMB、3G系统和富媒体应用》一书中对移动多媒体的定义为：移动多媒体涉及为移动网络设计的内容创造、传输以及基于标准协议的转送。内容可以是任何形式，包括图形、图像、直播视频和音频、彩信、游戏、可视电话、可以进行多媒体传输的多种呼叫、VoIP、媒体中心、流式视频和音频。

本书将移动多媒体定义为：实时或非实时的，通过传统方式或移动设备获取、处理包括文字、图形、图像、音频、视频和动画等在内的多媒体信息，并通过移动网络进行传输，最终在移动设备上进行再现的技术和应用。

2.2.2 移动多媒体组成

要实现移动多媒体及其应用，需要多种要素，包括：承载信息的主体——多种媒体元素的多媒体文件；对这些文件进行获取、预处理、存储和发布的内容服务器和流服务器；

传输多媒体文件的无线网络；规定如何进行连接建立和释放以及传输文件的协议；作为接受客户端或多媒体播放器的移动终端等。如图2−5所示。

这里的内容服务器主要是为移动终端提供移动多媒体应用相关的多媒体文件和服务，而流服务器主要提供与流媒体相关的服务。实际上，服务器和客户端是一个相对的概念，经常把提供服务的一方称为服务器，把接受服务的一方称为客户端。在移动多媒体中，移动终端之间也经常互传共享移动文件，因此也可以扮演服务器的角色。

为了适应移动网络和移动终端的能力，相对于传统的多媒体文件，移动多媒体文件通常经过特殊的定义和处理。

同其他通信网络一样，移动通信网络也由传输网、交换网和接入网3部分组成；基站实现与移动终端的双向通信和基站控制器的连接；基站控制器通过协议转换、信号格式转换等方式完成接入功能；移动网络控制中心完成对移动网络部分和移动多媒体终端用户的管理、控制和监测。如图2−6所示。

移动多媒体终端具有多种形式，但必须同时具有多媒体终端和移动通信的功能，包括信源编码器、信道编码器、RF调制器和功率放大器等，其基本结构如图2−7所示。

接下来的内容将重点介绍移动多媒体系统组成要素中的移动通信网络和其使用的主要网络协议。

图2−5　移动多媒体系统架构

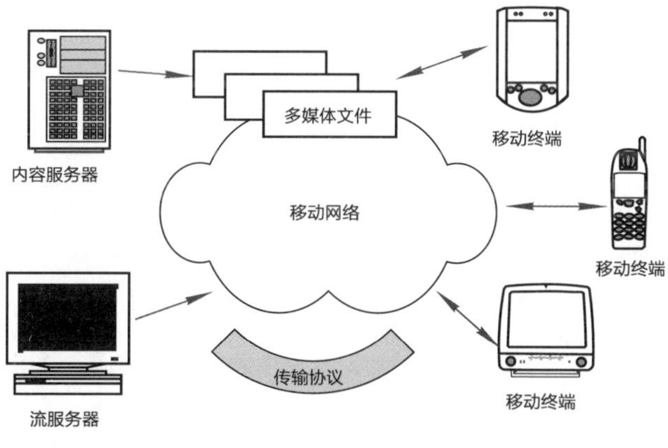

图2−6　移动多媒体通信网络

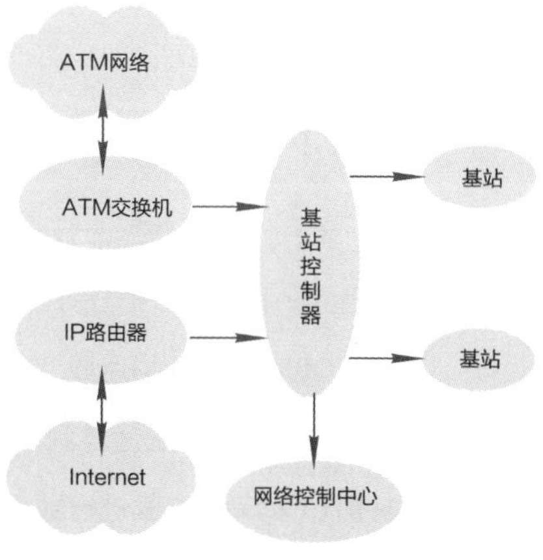

图2−7　移动多媒体终端

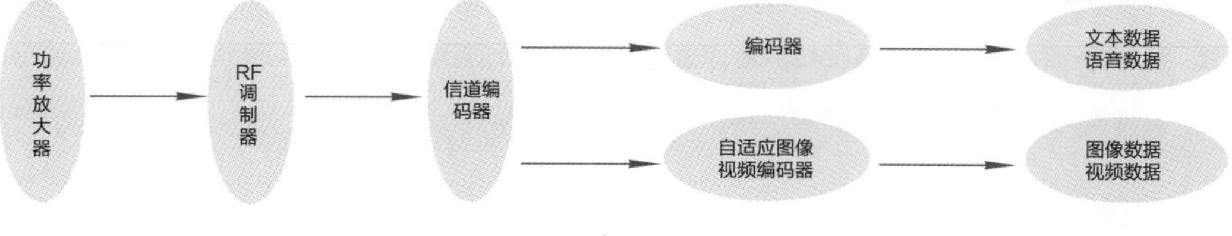

2.2.3 移动通信网络

移动通信环境是实现移动多媒体技术的基础，事实上，早在移动多媒体提出之前，移动通信网络就不断在发展，而也正是由于移动通信网络发展到一定的阶段，才使得移动环境中的多媒体成为可能。

比较典型的移动通信网络包括5种。

1. GSM

全球移动通信系统(Global System for Mobile Communication,GSM)，俗称“全球通”，它依照欧洲通信标准化委员会(ETSI)制定的GSM规范研制而成，是第2代移动通信技术，即“2G”，其基本思想是“时分多址”。

该系统由移动台MS、基站子系统BSS、网络子系统NSS和操作维护子系统OSS 4个分系统组成。GSM是一种多业务系统，可以提供语音业务、数据业务和短消息业务等。在语音业务中，信息是语音；而在数据业务中传送包括电文、图像、传真及计算机文件等在内的其他信息。GSM系统中的关键技术包括语音编码和用户身份模块，即SIM卡。

事实上，GSM系统提供的服务正是手机在过去几年最熟悉的服务形式，然而可以看到，无论是传输音频的语音服务还是传输文本的短消息服务，GSM系统支持的都不是多媒体而是单媒体。随着3G时代的到来，GSM系统正在缓慢消亡，但这个过程将持续相当长一段时间。

2. GPRS

通用分组无线服务技术(General Packet Radio Service，GPRS)，是GSM移动电话用户可用的一种移动数据业务，也可以认为，GPRS系统是GSM系统的延续。

GPRS经常被描述成“2.5G”，也就是说这项技术位于第二代(2G)和第三代(3G)移动通信技术之间。它通过利用GSM网络中未使用的TDMA信道，提供中速的数据传递，并以封包(Packet)方式进行数据传输。

使用GSM系统的手机用户可以通过向服务商申请开通GPRS服务。在GPRS系统中，已经可以实现上网业务和彩信的发送，虽然这里的上网业务能够访问的信息和资源比较有限，而彩信也往往局限在内容简单的图片或音频，但GPRS系统已经初步实现了移动多媒体的信息传输。

3．CDMA

码分多址（Code Division Multiple Access，CDMA），是在无线通信使用的技术，允许所有的使用者同时使用全部频带，并且把其他使用者发出的信号视为杂信，而不必考虑信号碰撞的问题。

CDMA技术的出现源自于人们对更高质量无线通信的需求，最早在第二次世界大战期间因战争需要而研究，其思想初衷是防止敌方对己方通信的干扰，在战争期间广泛应用于军事抗干扰通信，后来由美国高通公司更新成为商用蜂窝电信技术。

CDMA系统中所提供的语音编码技术，通话品质比GSM系统更好，可以把用户对话时周围环境的噪声降低，使通话更为清晰。同时还具有低功率、低辐射、安全等优点。中国联通于2002年正式开通了CDMA网络并投入商用，2008年后转由中国电信经营。现在手机号段为133、153、189等的手机用户使用的就是CDMA系统。同时，CDMA系统也是3G系统的雏形。

4．3G

3G即第3代移动通信技术（3rd-Generation，3G），是指支持高速数据传输的蜂窝移动通信技术。它与2G的主要区别是在传输信息的速度上的提升，能够在全球范围内更好地实现无线漫游，并处理图像、音乐、视频流等多媒体形式，提供包括网页浏览、电话会议、电子商务等多种信息服务，同时也考虑到与已有2G系统的良好兼容性。

事实上，3G这个词汇主要是针对前面提到的“2G”和“2.5G”而提出的一个笼统的概念，具体到实现来说，3G实际上存在着4种标准：WCDMA、CDMA2000、TD-SCDMA和WiMAX。

- WCDMA：全称为Wideband CDMA，意为宽频分码多重存取，是基于GSM系统发展出来的3G技术规范，是欧洲提出的宽带CDMA技术。
- CDMA2000：是由传统CDMA技术发展而来的宽带CDMA技术，由美国高通北美公司为主导提出，韩国现在成为该标准的主导者。
- TD-SCDMA：全称为Time Division - Synchronous CDMA，是由中国大陆地区独自制定的3G标准，具有辐射低的特点，被誉为绿色3G。
- WiMAX：全名是微波存取全球互通（Worldwide Interoperability for Microwave Access），又称为802.16无线城域网。

近年来，“3G”一直是在媒体报道、业界和日常生活中经常听到的一个词语，特别是最近各类厂商推出的3G手机的热销，使得3G技术快速走进了人们的日常生活。

可以说，真正意义上的移动多媒体与3G时代的到来是密不可分的，很多人将两者看为是一个整体，虽然这么认为并不十分严谨。但是，3G系统具有的网络高速率、高带宽的优势，为移动多媒体提供了发展空间，而移动多媒体良好的表现效果和交互方式也推动了3G融入人们的生活。

5．4G

4G即第四代移动通信技术（4rd-Generation，4G），这个词对很多读者来说其实并不算陌生，但是可能会让很多人觉得迷茫。在3G正在兴起和快速发展的今天，又超越了一个时代的4G究竟是什么呢?

在计算机网络技术中，存在7层网络模型，或者是实际应用的4层模型：物理和数据链路层、IP层、TCP/UDP层和应用层。如何将计算机网络解决方案用于通信技术中，通过改进现有的通信实现方式和协议，达到与计算机互联网一样的传输能力并与之完全兼容，就是4G技术希望解决的问题。

可以预见的是，如果4G时代真正到来，那么移动多媒体在网络环境上将与传统的网络多媒体不存在任何区别（当然不排除移动设备带来的输入、输出方式的改变），完全可以利用现阶段或将来研发的计算机多媒体技术进行实现。但是遗憾的是，由于4G与2G、3G技术演化有着本质的不同，因此其从研发、实现到实际应用，都还有很长的路要走。

现在一个折中的方案就是长期演进技术（Long-Term Evolution，LTE），虽然其在不断推进过程中，但是真正从3G到4G这一转换的完成，恐怕还需要很长时间。因此现阶段依然需要在3G网络的环境下考虑移动多媒体的问题，这也是技术发展的一个必然，更何况3G时代的到来本身已经十分激动人心。

移动通信的发展演化过程如图2-8所示。

图2-8　移动通信发展过程

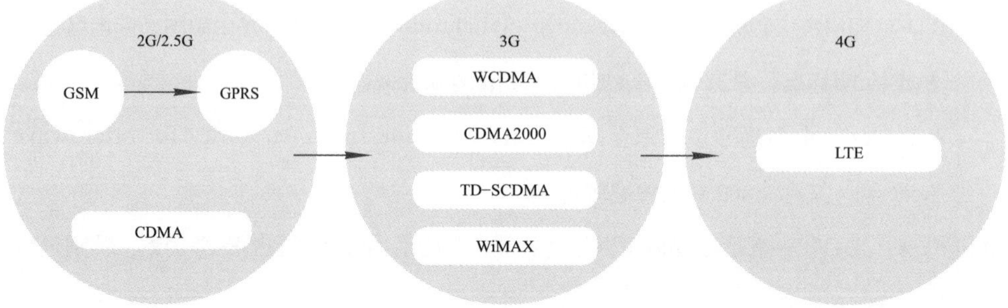

2.2.4 移动多媒体协议

为了保证移动多媒体系统的运行和应用，相关部门也制定了很多协议，当然也需要应用一些传统的网络协议。从应用层看，主要的协议和相关语言有6种。

1．HTML语言

超文本标记语言（HyperText Mark-up Language，HTML），是目前网络上应用最为广泛的语言，也是构成网页文档的主要语言。HTML文本是由HTML命令组成的描述性文本，HTML命令可以说明文字、图形、动画、声音、表格和链接等。

2．XML语言

可扩展标记语言（Extensible Markup Language，XML），是跨平台的、依赖于内容的技术，是当前处理结构化文档信息的有力工具。使用一系列简单的标记描述数据，而这些标记可以方便地建立。XML语言主要有3个要素：XML Schema、XSL和Xlink。

3．HTTP协议

超文本传输协议（HyperText Transfer Protocol，HTTP），是互联网上应用最为广泛的一种网络协议。HTTP协议采用了请求/响应模型：客户端向服务器发送一个请求，请求头部包含请求的方法、URL、协议版本，以及包含请求修饰符、客户信息和内容的消息结构；服务器以一个状态行作为响应，内容包括消息协议的版本，成功或错误编码、服务器信息、实体元信息以及可能的实体内容。

4．SOAP协议

简单对象访问协议（Simple Object Access Protocol，SOAP），是在分布式环境中交换信息的协议。包括SOAP封装、SOAP编码规则、SOAP RPC表示和SOAP绑定4个部分。其主要目标为简单性和可扩展性，使用HTTP协议传递XML。

5．SMIL语言

同步多媒体集成语言（Synchronized Multimedia Integration Language，SMIL），是世界网络联盟（W3C）制定的标准，是专为流媒体设计的语言，可以通过时序排列对文字、声音、影像和图形文件进行顺序安排，并可设计出丰富的页面效果。SMIL可以用兼容SMIL

的播放器来播放，传输可以通过多种方式进行，包括流模式和下载模式等。

6．WAP协议

无线应用协议（Wireless Application Protocol，WAP），是移动开发网络上一系列规范的组合，与互联网类似，但是专为小屏幕、窄带终端进行了优化。WAP体现为一种全面的和可扩展的协议，可用于任何移动电话、无线服务和移动网络标准等。WAP支持不同类型的网络、数据、终端上的服务，在设计时将应用要素和传输数据类型相独立，使得一些应用之间可以相互转移。

2.3 移动多媒体应用和特点

2.3.1 移动多媒体的应用

近些年移动多媒体飞速发展并渐渐融入人们的生活。在上下学和上下班的公交车和地铁上，低着头摆弄手机浏览网页、聊天、看视频、玩游戏的人越来越多；很多城市的公交车上都安装了移动电视，更不用说列车的一些车厢中和飞机上；每天手机中经常出现的彩信新闻、娱乐动画；还有2010年上市就畅销甚至脱销的iPad掌上电脑等。

在不知不觉中，人们已经开始拥有并使用各种各样的移动设备，进行通信、办公、购物、休闲娱乐等，如图2-9所示，这些无一不涉及移动多媒体的应用。接下来，本书简单地对这些应用进行介绍。

1．彩信业务

彩信融合文字、图像、声音于一体，特别是通过带摄像头的手机，用户可直接拍摄图片，并传送到其他手机或互联网上。除了作为传统短信业务的扩展被用户所喜爱，也能应用在新闻和广告等应用上。

2．可视电话

传统的手机只能实现通过音频进行通话，但是随着3G时代的到来和移动多媒体的发展，可视电话也成为一种重要的通信方式。可视电话通过移动终端摄像头，将图像、视频与音频结合进行传输，通话双方能够更加便捷地交流信息，也可以应用到电话会议等。

3．新闻定制

在互联网应用中，新闻定制就是一个很重要的方面。现在，这个应用也可以移植到移动终端上。通过用户定制，移动提供商可以为用户推送用户感兴趣的新闻，而这些新闻可以充分利用移动多媒体，采用文字、图片、视频等更加形象直观的方式表达信息。

4．移动冲浪

在3G时代，已经可以真正地实现通过移动终端访问互联网，并对网络上的主页、博客等进行浏览，甚至下载网络上的资源。而不需要像过去那样，间接地访问某个网站专门为移动终端设计的界面，或者只能访问一些移动设备上支持的网络资源。特别是在微博十分流行的今天，可以随时随地更新自己的状态和心情，与他人分享。

5．移动办公

除了通过可视电话进行电话会议，可以通过移动设备收发E-mail，方便地处理办公事务，很多邮箱都已支持邮件的“短信提醒”，这两者结合更加快了办公的效率。而移动终端上越来越多的办公软件也可以不借助PC而完成很多任务，并直接通过移动设备传输到网络上。

图2-9　移动多媒体应用

6．移动购物

在日本和韩国，移动购物已经成为购物的主流方式，虽然在国内还没有那么流行，但是已经可以通过移动终端进行商品浏览和在线交易，商家也可以通过移动商城推销和出售自己的产品。高速3G可以让移动购物变得更实在，高质量的图片与视频会话能使商家与消费者的距离拉近，提高购物体验，让移动购物变为新潮流。

7．移动视频

许多公司推出视频短片的点播或组播，在3G时代，移动视频点播是把视频内容提供给用户的普遍方法，点播的视频内容甚至可以是电影。视频点播也能以推送模式通过移动电视广播网络提供给用户，这个方式就是下文将要介绍的移动电视。用户可以购买许可证来观看传输过来的视频内容。

8．移动音乐

在无线互联网发展成熟的日本，移动音乐是最为靓丽的一道风景线，通过手机上网下载的音乐量是PC的50倍。只要在移动终端安装一款手机音乐软件，就能通过移动网络，随时随地让移动终端变身为音乐魔盒，轻松收纳并享受大量歌曲。比较典型的有苹果公司的i-Tune音乐商店等。

9．移动阅读

互联网时代，有数十万计的“网络作家”在网上更新自己的网络小说，如中国的“起点”网络小说站。通过移动终端，可以方便地、及时地下载或在线阅读更新。值得一提的是，现在一些厂商在研发一种新的移动阅读器，具有较好的反射率和对比度，用户能够得到阅读真实书籍般的体验，在强光下也不会出现字迹看不清的情况。

10．移动电视

为了跟随“第五媒体”的到来，弥补传统广播和电视等媒体的不足，广播电视行业十分重视移动电视应用，并将其列为首要发展目标。现在可以通过手机、PDA、车载移动电视等终端以直播或点播形式观看电视节目，在2010年世界杯期间，很多用户就通过这种方式随时随地关注赛事进展。

11. 手机游戏

很多人认为手机游戏或互动游戏是移动多媒体时代最有价值的应用，因为游戏是多媒体应用中集大成的业务形式。图像、音乐、互动都能在游戏中实现。手机游戏的界面和交互越来越美观，而交互新技术又增加了其可玩性。现在手机游戏的需求、下载量在不断增长，经营模式越来越成熟，前景十分看好。

12. 移动定位

狭义的移动定位是指运行于移动终端（如PDA）并具有桌面功能的地理信息系统（Geographic Information System，GIS），GIS不需与服务器交互，是一种离线运行模式；广义的移动定位是一种集成系统，是GIS、GNSS（全球卫星导航定位系统）、移动通信、互联网服务、多媒体技术等的集成。移动定位服务已经被很多车主购买和使用。

2010年11月，国家发布了《中国移动多媒体行业“十二五”规划发展指导报告》，对移动多媒体行业的现状、发展等各方面进行了详细的阐述。这一文件在促进移动多媒体行业发展的同时，也为其提供了更加明确的指导。相信在今后，移动多媒体的应用前景会更加美好。

2.3.2 移动多媒体及其应用的特点

相对于基于PC和互联网的多媒体，移动多媒体及其应用具有一些特点。

- 终端多样化：不同于传统的PC和互联网，移动多媒体基于的移动终端可能是多种形式的，如智能手机、PDA等。即使是同一种类型的终端设备，也有不同的厂商和型号，使用不同的硬件、操作系统、开发环境。这些终端设备连接的移动网络也可能是基于不同的协议或标准。
- 信息多元化：由于移动设备携带方便，并且具有很多信息获取渠道（如很多手机都具有录音、摄像、拍照等功能，更不用说全键盘等输入方式使得文本录入也如PC一样方便），这使得通过移动设备获取和分享信息更加方便，信息量也随之更加丰富多元。
- 受众广泛化：截止2010年，中国已有超过8亿的网民，随着终端设备的联网，这一数字将继续扩大，持有手机等移动设备的用户都将加入这一群体，从移动多媒体应用中获取便利、分享信息、接受服务。

- 应用互动化：移动终端比传统PC具有更多的交互方式，移动多媒体的广泛应用使其具有更好的可视效果和用户体验，而如上文介绍的，移动多媒体的应用已经渗透到人们生活和工作的每一个领域。而在应用过程中用户将扮演更主动的角色，选择服务而不是被动地接受服务。

移动多媒体的发展和其应用的这些特点对移动设备制造商、移动程序开发商、移动服务运营商和最终用户来说都是一个福音，在制造产生巨大利益的市场的同时，也为普通用户的生活带来实实在在的便利。

但是，与此同时也应该看到，正是移动多媒体的这些特点，也带来了很多需要解决的问题，并提出了很多新的挑战。

- 对移动设备制造者来说，移动多媒体的应用对硬件的性能要求提高，这就需要移动设备在移动设备屏幕大小、耗电量等很多限制下，具有更大的内存和存储空间、更快的处理速度、更好的显示能力，更多的交互方式。同时，现在市场上3G手机和高端的移动设备价位普遍还比较高，如果希望其更加普遍地被用户接受，也需要更低的价位。
- 对移动网络运营者来说，移动多媒体应用需要更快的数据传输效率和更大的带宽，这需要在网络硬件设施、网络机站设置、网络协议和标准制定方面加以改进，3G时代的到来和4G的缓慢演化，也需要在很多方面进行适应和调整，特别是还要兼容2G和2.5G网络。
- 对移动程序开发者来说，不同于PC应用程序的开发，移动多媒体程序的开发首先要考虑的就是移动终端和移动网络在性能上的限制问题，要在更小的时空代价下运行程序；其次，是不同终端、硬件、操作系统下程序的兼容性问题；同时也要考虑移动设备上程序的交互和显示方式存在的不同给程序开发带来的新挑战。
- 对移动服务提供者来说，如何将更多的、涉及人们生活方方面面的移动多媒体应用组织成服务业务，并制定很好的提供、推送、获取、定制、收费方式是首先要考虑的问题；其次，还有现在普遍比较关注的移动多媒体服务认证和数字版权问题，以及移动多媒体和移动网络上的服务安全性问题。
- 对国家和政府部门来说，移动多媒体应用作为一类新型的应用和产业，需要国家和相关政府部门大力扶植的同时，也应该尽快地制定相应的政策和法规来解决行业快速发展过程中可能出现的问题，规范行业的发展，保护行业中每个类型的参与者相关的利益。
- 对普通用户来说，移动多媒体及其应用带来的是一种生活方式的改变，同时也会影响整个社会风气、文化气氛和人与人的关系等，这种冲击和改变对很多人来说，也需要一个相对长时间的磨合和适应过程。

对于任何新技术的产生、新应用的发展、新产业的形成来说，都会是一种机遇与挑战并存的情况，对移动多媒体来说也是如此。理性、客观地评价现在移动多媒体的技术和应用，充分利用其带给技术和产业界的发展空间，并积极地应对其带来的挑战，是移动多媒体行业应当持有的正确态度。

2.4 移动多媒体应用开发

由于本书接下来的内容将关注于移动多媒体应用的开发，因此本节将从技术开发的角度重新审视移动多媒体应用。

2.4.1 移动多媒体应用开发的逻辑层次

同多媒体系统一样，移动多媒体系统也有其层次结构，理解这个逻辑层次结构有助于读者理解移动多媒体应用开发所在的层次以及其和其他层次之间的关系。

移动多媒体系统可以分为移动多媒体硬件、移动平台系统、移动多媒体应用软件、移动多媒体应用内容制作几个层次，如图2-10所示。

1. 移动多媒体硬件

移动多媒体硬件是移动多媒体应用所处的硬件环境，包括移动终端和移动网络两个部分。移动终端包括本书第1章介绍的UMPC、上网本、MID、智能手机等形式，每种形式又可能包括多种生产厂商和型号；而移动网络主要是基于本章2.2节介绍的GPRS和3G网络等，并遵守相关的协议。移动多媒体硬件通常由相应的硬件厂商提供。

2．移动平台系统

移动平台系统为移动硬件实现软件级别的封装，集成硬件实现的功能，并提供移动多媒体应用软件开发和运行环境。包括硬件驱动程序、操作系统平台和开发环境等。如第1章介绍，现在不同的移动终端和厂商往往使用不同的操作系统平台，如Linux、Android、Symbian、Windows Mobile和MeeGo等，而不同的操作系统平台又提供了不同的开发语言、开发环境和库函数。如Google智能手机系列使用Android平台和开发环境，诺基亚手机系列使用Symbian平台和QT集成开发环境，iPhone智能手机系列使用iPhone OS平台和Objective C编程语言等。移动平台系统通常由硬件厂商直接提供，或者硬件厂商通过联合或收购操作系统和开发环境软件企业提供。

3．移动多媒体应用软件

移动多媒体应用软件是现在移动多媒体领域最庞大的软件家族，应用软件的繁荣也直接导致了移动多媒体应用的繁荣。应用软件按其功能可以分为制作型软件和使用型软件。制作型软件为用户提供多媒体应用制作功能，用户可以通过这些软件进行再创作，产生移动多媒体文件；使用型软件直接为移动多媒体实体提供在移动终端运行所需的相关功能，如游戏和移动多媒体播放器等。移动多媒体应用软件通常由开发商和运行商提供一部分，并得到很多软件企业、程序员和业余爱好者的广泛参与。

图2-10　移动多媒体系统层次结构

4．移动多媒体应用内容制作

移动多媒体内容制作是相关企业或移动终端使用者通过制作型移动多媒体应用软件，结合硬件提供的数据获取和传输功能制作产生移动多媒体文件（移动多媒体元素或多种媒体元素的结合，如彩信、音/视频等）。它需要的基础技术最低，因此参与人群也最广泛。

本书主要关注移动多媒体应用软件的开发，它介于移动平台系统和应用内容制作两个层次之间，将移动多媒体硬件和平台系统视为开发的环境和需求限制，将内容制作视为面向用户和可能要实现的功能需求。

由于移动多媒体硬件和移动平台系统的多样性，现阶段移动多媒体应用软件的开发往往是针对并受限于某一种类型的移动终端和特定的操作系统与开发环境。但是还是应当通过选择开发工具、体系结构设计和适当的软件工程方法尽量使其具有一定的跨平台和兼容能力。

2.4.2　移动多媒体应用开发的硬件限制

移动环境是移动多媒体应用不同于传统多媒体应用的重要区别，同时也很大程度影响着移动多媒体应用软件的开发，应当充分考虑移动环境的硬件限制。

1．主处理器的限制

移动终端设备的主处理器往往不具备PC的处理能力。由于移动设备对电力续航能力的要求，目前最强的移动设备处理器是主频大致在1GHz左右的单核结构，其处理能力大约相当于Intel公司在2001年前后推出的Pentium III Tualatin的PC中的CPU水准，而普通PC目前主频大约在 2GHz到3GHz，而且一般是多核结构，因此在峰值运算处理能力和并行多任务能力方面，移动终端设备相比于普通PC有数倍的差距。

移动终端设备的软件应用多以单任务、单界面的形式为主，不同于PC的桌面概念，大多数情况下终端屏幕上往往只有一个应用在前端运行。

2．图形处理器的限制

同样受限于电力续航能力和移动设备本身的体积，专门优化支持三维显示和图形处理的加速设备的处理能力也比较弱。虽然也有部分高端终端设备使用独立的图形处理器，更常见的情况是为了节省空间和电力，图形处理器会集成在主处理器里面。

目前常见的图像处理器的处理能力，相当于16~32MB显存的TNT2图形加速器的处理速度，能够支持15万多边形/秒的显示能力，因此移动终端设备的应用往往不具备大规模三维场景或者比较逼真的虚拟现实环境的显示能力。

此外，由于目前移动设备多是支持OpenGL的ES版本，常见PC图形加速设备的性能，如凹凸纹理、顶点着色器、像素着色器和全屏反锯齿等加速特性往往不被支持。

而另一方面，由于移动终端设备面向的应用比较专一，因此厂商可以专门对某些应用场景设计相应的硬件，进行效率优化和图形加速。比如在视频显示方面，由于有专门的硬件设计，部分移动终端设备对1080像素的高清视频的处理能力已经达到甚至超过了普通PC图形加速器的水平。

3．内存的限制

目前主流的移动终端设备的内存为256~512MB，相对于普通PC的2GB甚至更高的内存容量，差距还是比较大的。RAM内存的限制，往往是在目前的终端设备上对用户体验影响最大的因素，而且也限制了移动设备的并行多任务处理能力。

4．音、视频支持格式的限制

受限于版权问题和硬件环境，移动终端设备支持的音、视频格式比较有限。目前常见的格式有MPEG4、XVID、H.264和H.263等。

而且由于上文提到的，部分终端设备针对某种单一格式的视频会进行硬件设计方面的优化，而对某些视频没有进行过优化处理，因此在移动设备上会出现某些高码率、高分辨率的视频格式的处理速度，反而比低码率、低分辨率视频格式处理速度快的现象。因此在移动设备上的多媒体应用，要注意对音、视频的文件格式的选择。

5．网络能力的限制

由于移动设备往往采用无线网络的连接方式，相比于普通PC的有线以太网的网络连接，存在稳定性相对较差、网络传输速度较慢的情况。无线网络信号受金属屏蔽、较厚的承重墙等环境因素的影响较大，加之移动设备有可能在空间中低速或者高速运动，其连接稳定程度很难保证。因此对于网络移动多媒体应用开发，要注意容错性和安全性的考虑，对可能出现的出错情况作出合理的处理。

虽然目前3G WCDMA网络的最新技术HSDPA（High Speed Downlink Packet Access），通过各种核心技术可使下行速率达到14.4Mb/s，在实际使用中能够达到1MB/s左右的下载速度，但是由于3G网络本身的设计原理，如果在同一机站的处理区域内，有大量用户同时使用3G网络，每个终端的带宽会急剧下降。

另一方面，由于3G服务的数据下载多是采用按流量收费，因此在3G终端应用程序的开发方面，要注意节省传输的数据量，以减少用户的使用成本。

6．I/O限制

由于移动终端的便携性要求，移动终端基本都是采用闪存的存储方式，基于闪存芯片的处理能力，存储设备的I/O能力大约在10MB/s左右，而普通的PC都有70MB/s甚至150MB/s的磁盘读写能力。因此，相比于PC的应用，移动终端设备的应用需要注意减少磁盘和内存的数据交换，也不建议使用虚拟内存技术来提供内存扩展。

另一方面，移动终端的显示器往往受其大小限制，不具备很高的分辨率，因此在开发图形用户界面和其他显示应用时，应该考虑移动终端屏幕限制。

同样的，移动终端的输入设备往往包括触摸屏、全键盘、手写、摄像头和录音等多种方式，也要考虑其与PC的不同，并且可以对移动终端的交互方式进行研究和开发，使其具有更好的交互性（如多点触摸、重力感应系统等）。

虽然移动终端设备和移动网络一直在发展，致力于更高的性能，但是正如即使在PC应用软件开发时也要考虑时空代价一样，在移动多媒体应用的开发中，对硬件、网络和其他限制的考虑十分重要，也在很大程度上决定了一个应用软件是否成功。

本章小结

本章循序渐进地进行阐述了媒体、多媒体、多媒体技术、移动多媒体、移动多媒体技术、移动多媒体应用、移动多媒体应用开发等概念和知识。通过这章的学习，读者应该对多媒体、移动多媒体有了一个较为完整的认识和理解。

媒体是信息的载体和表达方式，包括感觉媒体、表示媒体、显示媒体、存储媒体和传输媒体 5 种类型。在感觉媒体中，包括常见的文字、图形、图像、音频、视频、动画、触感等媒体元素。多媒体技术就是结合计算机技术、通信技术等对多种媒体元素进行获取、处理、融合、存储、传输和显示的技术。

将多媒体技术应用在移动环境中，就是移动多媒体技术。移动多媒体系统包括移动多媒体文件、服务器、移动网络和相关协议、移动终端等。比较重要的移动多媒体技术包括3G网络系统、流媒体技术、SMIL语言、WAP协议等。

移动多媒体已经融入人们的日常生活，并得到了广泛应用，包括通信、办公、学习、娱乐、消费等方方面面。相对于基于PC和互联网的网络多媒体，移动多媒体有其鲜明的特点，同时也提出了全新的挑战。

习题

1. 根据国际电信联盟定义，媒体包含哪些类型？它们之间的关系是什么？
2. 根据本章的学习和个人理解，谈谈多媒体的含义。
3. 举例说明多媒体中的各种媒体元素，以及它们常用的输入输出方式、保存格式、处理技术和典型应用等。
4. 数据编码和压缩的依据是什么？包括几种主要的压缩方法？
5. 简述流媒体的处理流程。
6. 一个典型的多媒体系统由哪些部分组成？
7. 请阐述移动多媒体与网络多媒体的异同。
8. 画图说明移动多媒体系统的架构。
9. 常用的移动多媒体协议包括哪些？
10. 举例说明你接触过的移动多媒体应用，并谈谈它们的特点。
11. 在设计移动多媒体应用程序时，要注意哪些硬件限制？

第三章

>Java ME平台介绍

Java语言已经成为应用软件开发中的主流编程语言之一，由于Java语言具有的优点：平台无关性、安全机制、内嵌的分布式网络支持以及高度的可移植性，使得基于Java语言的应用技术涵盖了桌面软件、服务器软件和嵌入式软件。本章重点介绍Java在机顶盒、移动电话和PDA等嵌入式平台上的版本Java ME。

Java ME规范的结构包括配置（Configuration）、简表（Profile）和可选包（Optional Package）。三者结合在一起形成了运行在嵌入式平台上的Java运行环境。

3.1 Java平台与Java ME简介

3.1.1 Java平台概述

Java语言从1995年发布开始，经过16年的发展，成为Internet上最流行的编程语言。Java语言作为一门面向对象程序设计语言，具有平台无关性、安全机制、内嵌的分布式及网络支持及高度的可移植性。如今Java已不仅仅是一门编程语言，而已经发展成为一个完整的平台，包括用来编译、运行、监控应用程序的开发环境、用来部署应用程序的标准机制和运行环境，还包括一系列功能丰富的标准类库。Java平台是一种纯软件平台，可以运行在多种基于硬件的Java虚拟机平台上。

Java 平台由JVM（Java虚拟机）和一组Java应用程序编程接口（Java Application Programming Interface，Java API）组成。Java API可以看成是Java 平台为基于该平台之上运行应用程序提供的软件组件类集合，从而可以简化Java程序开发人员进行Java应用程序开发和部署的工作，使得应用程序更加健壮和安全，具有很好的可移植性和可互操作性。

Java平台有3个版本：Java 平台标准版（即Java Platform，Standard Edition，简称Java SE），主要面向个人PC桌面Java应用程序的开发；Java 平台企业版（即Java Platform，Enterprise Edition，简称 Java EE），主要是面向复杂的企业级应用开发和部署 ；Java 平台微型版（即Java Platform，Micro Edition ，简称Java ME），主要是面向手持移动设备，消费电子产品等嵌入式设备的开发。有了以上3个不同的版本，可以使软件开发人员、服务提供厂商和设备生产厂商针对计算机工业中一个特定领域进行应用开发。如图3–1所示为Java 平台的3个版本介绍。

1. Java SE

Java SE 以前称为 J2SE。它主要面向个人PC环境、桌面应用程序和服务器应用程序，软件开发人员可以使用Java SE平台开发和部署在桌面、工作站环境中使用的 Java 应用程序。Java SE也包含了支持Java Web服务开发的类库，并为Java EE提供了基础。Java SE定义的API中包括核心组件、桌面组件和其他组件技术，常用的Java SE平台组件技术包括以下内容。

- JavaBeans Component Architecture;
- Java Foundation Classes (Swing);
- JavaHelp;
- Java Native Interface;
- Java Platform Debugger Architecture;
- Java 2D API;
- Java Web Start;
- Certification Path API;
- Java DataBase Connectivity;
- Java Advanced Imaging;
- Java Authentication and Authorization Service;
- Java Cryptography Extension;
- Java Data Objects;
- Java Management Extensions;
- Java Media Framework;
- Java Naming and Directory Interface;
- Java Secure Socket Extensions;
- Java Speech API;
- Java 3D;
- Metadata Facility;
- Java Content Repository API;
- Enumerations (枚举);
- Generics (泛型);
- Concurrency Utilities;
- Java API for XML Processing;
- SOAP with Attachments API for Java。

2. Java EE

这个版本以前称为 J2EE。Java企业版本用来帮助开发和部署服务器端Java应用程序，提高程序的可移植性、健壮性、可伸缩性和安全性。Java EE 是在 Java SE 的基础上构建

图3-1　Java平台的系列版本

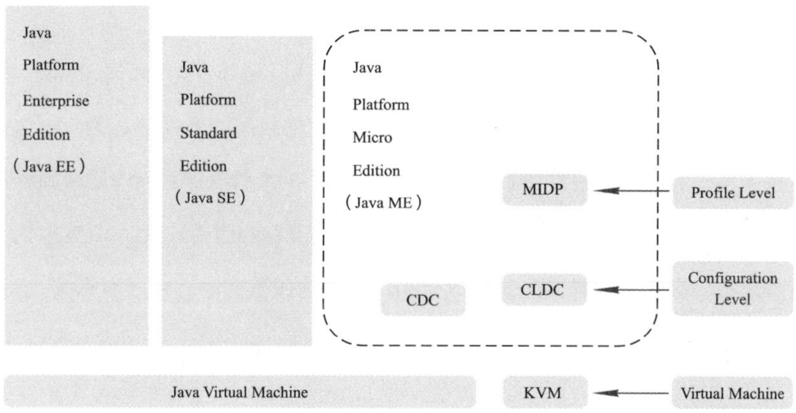

的，提供了 Web Services组件模型，可实现企业级的面向服务体系结构（Service-Oriented Architecture，SOA）和 Web 2.0 应用程序。常用的Java EE组件技术包括以下内容。

- Enterprise JavaBeans;
- Portlet Specification;
- JavaMail;
- Java Message Service;
- JavaServer Faces;
- JavaServer Pages;
- Standard Tag Library for JavaServer Pages;
- Java Servlets;
- J2EE Connector Architecture;
- J2EE Management Specification;
- Java Transaction API。

3. Java ME

这个版本以前称为 J2ME。Java ME 是为在移动电子设备（如手机）和嵌入式设备（如电视机顶盒和打印机）上运行的Java应用程序而提供的平台。Java ME 具备Java平台的优点：平台无关性、安全性、分布式和高度可移植性。Java ME平台中的组件技术包括以下内容。

- Connected Limited Device Configuration;
- Mobile Information Device Profile;
- Connected Device Configuration;
- Mobile 3D Graphics API for J2ME (M3G)。

3.1.2 Java ME简介

Java Platform-Micro Edition（简称Java ME）是专门针对快速增长的消费电子设备而设计的Java平台。和其他Java SE、Java EE版本一样，Java ME保持了Java平台的特性。

1. 平台无关性

平台无关性是指Java程序可以运行在安装Java虚拟机（Java Virtual Machine，JVM）的不同系统上。Java 虚拟机是语言与底层系统软件和硬件之间的转换器，为Java程序屏蔽了底层异构系统的差异。Java编程语言与C++等语言的不同之处在于：Java语言源程序在编译后会转换为 Java字节码指令，该字节码指令可以运行在Java虚拟机上，由虚拟机对字节码进行解析和运行。因此，编译只需要进行一次，而解释在每次运行程序时都会进行。

2. 安全性

从最初建造Java平台开始，就考虑到了安全性问题，即安全性是建立在Java语言内核中的。Java ME平台的安全机制包括类文件校验、明确定义的应用程序编程接口和安全组件，确保了应用程序开发的程序行为是可靠的，不会对设备或者网络造成损害。此外，Java语言摒弃了C++等语言使用指针对存储器地址进行直接操作的做法，而是采用在运行程序时由操作系统分配内存空间的方式，避免了蠕虫等病毒程序通过运行使堆栈溢出来侵入系统。

3. 面向对象特性

Java ME平台使用Java语言进行开发，Java是一种面向对象的编程语言。除了基本数据类型（如整数类型、字符类型和布尔类型），Java中的大部分都是对象。Java代码按类组织，每个类定义一组规定对象行为的方法。与C++语言不同，Java支持单继承类层次结构。这就是说，每个类只能继承一个父类。但一个类可以继承多个接口，从而具有真正多继承性的许多优点。面向对象的特性使Java ME应用开发具有完善的抽象机制。

4. 网络连接特征

在Java 标准版平台中可以使用java.net和java.io提供的类来访问网络服务和文件系统，由于移动信息设备的处理能力和内存的限制，java.net和java.io类库不适合运行在移动设备上。因此，Java ME规范定义了这些类库的子集，并提供了一套用于网络和文件访问的固定的程序——javax.microedition.io程序包。定义在javax.microedition.io类中的抽象网络和文件输入、输出框架称为通用连接框架（Generic Connection Framework，GCF）。GCF定义了一套有关抽象化的内容来描述不同的通信方法，目的就是为Java ME平台之上的应用程序提供公用的网络和文件输入、输出能力。因此，Java ME平台支持由硬件设备实现的各种网络连接协议，极大地方便了程序开发。

5. 图形界面和多媒体功能

Java ME平台提供了用户界面和事件处理功能，提供了游戏、视频、音频等开发功能。在MIDP规范中提供了专供用户界面的工具包javax.microedition.lcdui，以及多媒体API-JSR 135 Moblie Media API，轻量级交互式3D API-JSR184 Mobile 3D Graphic API for J2ME。

3.2 Java ME平台的关键技术

Java ME技术起初是为了研究Java编程语言在硬件资源有限的设备（如寻呼机、手机、机顶盒等）上的应用，构建一个具有通用的、易移植的Java虚拟机环境。Java ME的目标是为消费电子设备和嵌入式设备进行Java程序开发提供易于使用、易于理解的应用程序开发平台。基于该开放的平台，使得消费电子和嵌入式设备制造商能够开放其设备平台，由大量的应用服务提供商开发应用程序能够运行在设备上，开发和部署新型的应用和服务。

3.2.1 Java ME 体系结构概述

Java ME平台体系结构中定义了配置（Configuration）、简表（Profile）、可选包（Optional Package）3个基本概念。

1. 配置

由于不同种类嵌入式设备在内存容量、处理器性能等硬件资源方面差别很大，如手机、寻呼机、PDA等设备在硬件资源方面的共同特征是内存容量相对较小且依靠电池供电，而数字电视机顶盒、数字家庭网关设备在硬件资源方面的共同特征是网络连接能力强、内存容量相对较大且有独立电源供电，不受电池容量限制。Java ME对这些设备进行分类，按照处理器性能、存储器容量、显示设备能力、网络连接状况以及电源可用情况等硬件资源限制特征进行分类，将其中一些具有共性的硬件资源约束特征提取出来，形成适合于某范围内设备可以执行的规范称为配置（Configuration），包含Java虚拟机和核心的类库。Java ME为每一类配置（Configuration）定义了公共的类库和虚拟机运行环境。Configuration规范定义了同一类硬件资源特征的嵌入式设备上都适用的Java虚拟机功能特性以及最基本的类库。目前可用的Configuration有两种，它们是面向高端电子设备的连接设备配置（Connected Device Configuration，CDC）和面向小型移动设备的连接有限设备配置（Connected Limited Device Configuration，CLDC）。

- CLDC规范：面向小型的、内存容量较少、处理器性能较低和有限的图像处理能力的移动设备。典型的适用CLDC规范的电子设备包括手机、寻呼机和PDA，这类设备具有很小的内存容量（为128~256KB）以及低带宽速率的网络连接，通常都不是基于TCP/IP协议的且通常都需要外接电池供电。在CLDC规范中专门设计了一些新的Java SE API中没有的类库，来适应内存小的运行环境。
- CDC规范：面向电视机顶盒、汽车娱乐导航系统等高端电子产品，这类设备内存容量在512KB以上，拥有持续高带宽的网络连接能力。针对大于2MB内存的设备，CDC能支持标准Java虚拟机和Java完整API。CLDC中由于内存限制所精简的特性和类库API在CDC中都拥有，例如finalize定义、反射机制、浮点数运算能力等。

2．简表

应用程序的可移植性是Java SE、Java EE平台获得巨大成功的一个重要因素，所以Java ME平台中的可移植性也是一项非常关键的要素。但是，在消费电子设备及嵌入式领域，可移植性的需求与个人PC和服务器市场又有所区别。因为在消费电子等嵌入式设备中，内存容量、网络连接状况、电能的消耗量、显示设备性能及用户界面等方面的差异非常大，无法用一个方案来满足所有设备的硬件限制要求。

例如，考虑以下几种消费电子设备：手机、POS收银机和微波炉。

以上3种设备虽然都是嵌入式设备，但它们代表了不同的设备种类和不同的应用领域。如消费者会在手机上运行手机银行应用程序，但不必需要该类程序可以移植到微波炉或者POS收银机上面去。由于嵌入式设备功能相对专一，价格敏感，因此相应的处理器性能、内存容量、显示设备性能与电能消耗量等因素决定了在所有类别的嵌入式设备上具有通用移植性是不现实的，消费者并不期望获得普遍的应用程序移植能力。因此，在Java ME平台上移植性设计与Java SE及Java EE平台有所不同。

因此，Java ME框架提出了Profile的概念，目的是为面向特定的应用领域或设备类别中定义一套Java 平台。例如，在上面的例子中，可以对手机、POS收银机和微波炉这3个设备类别分别定义各自的Java ME Profile，每一类Profile都提供了一套完整的类库来支持该类设备上的应用程序开发。也就是说，Profile是一个特定的应用领域的设备与面向该领域的应用程序之间达成的一份契约。根据这份契约，该设备类别的所有设备都实现这份Profile中定义的全部特性，同时该应用程序仅使用在这份Profile中已经定义的特性。这样该应用程序与支持该Profile的设备之间的可移植性问题就解决了。市场上新出现的设备只要遵循实现了某个Profile的特性，就可以获得大量的消费者已经熟悉并使用的应用程序，这就是Profile的作用。

在技术实现层面，Profile 定义了一个类库的集合，该集合是在Configuration层面之上并为属于该Profile的应用领域定义所需要的关于图形图像、网络连接、存储等方面支持的功能特征。目前已经非常流行的Profile包括在CLDC之上针对手机等双向通信设备而设计的MIDP 以及在CDC之上的Foundation Profile。

3. 可选包

可选包是在Profile之上对其进行扩展的一套API。在Java ME体系结构中，除了Configuration和Profile之外，还需要定义通用功能的程序库，这种通用功能不局限于某个单独的设备类别中。例如，用于地理信息定位的API可能会适用于车载导航系统、手机等多种嵌入式设备中。用于游戏、动画、屏保等应用的交互式3D图形API，该API可能在不同设备和不同的Profile中应用。

Java ME平台定义的可选包包含如下内容。

- JSR 120：Wireless Messaging API;
- JSR 135：Mobile Media API;
- JSR 172：J2ME Web Services Specification;
- JSR 177：Security and Trust Services API for J2ME;
- JSR 178：Mobile Game API;
- JSR 179：Location API for J2ME;
- JSR 180：SIP API for J2ME;
- JSR 184：Mobile 3D Graphics API for J2ME;
- JSR 190：Event Tracking API for J2ME;
- JSR 205：Wireless Messaging API 2.0;
- JSR 209：Advanced Graphics and User Interface Optional Package for the J2ME;
- JSR 211：Content Handler API;
- JSR 226：Scalable 2D Vector Graphics API for J2ME;
- JSR 229：Payment API;

- JSR 230：Data Sync API；
- JSR 238：Mobile Internationalization API；
- JSR 239：JavaTM Binding for the OpenGL ES API；
- JSR 246：Device Management API；
- JSR 253：Mobile Telephone API（MTA）；
- JSR 256：Mobile Sensor API；
- JSR 257：Contactless Communication API；
- JSR 258：Mobile User Interface Customization API；
- JSR 259：Ad Hoc Networking API；
- JSR 266：Unified Message Box Access API（UMBA-API）；
- JSR 272：Mobile Broadcast Service API for Handheld Terminals；
- JSR 278：Resource Management API for Java ME；
- JSR 279：Service Connection API for Java ME；
- JSR 280：XML API for Java ME；
- JSR 281：IMS Services API；
- JSR 287：Scalable 2D Vector Graphics API 2.0 for Java ME；
- JSR 293：Location API 2.0；
- JSR 297：Mobile 3D Graphics API 2.0；
- JSR 298：Telematics API for JavaTM ME；
- JSR 300：DRM API for Java ME；
- JSR 304：Mobile Telephony API version 2；
- JSR 307：Network Mobility and Mobile Data API；
- JSR 327：Dynamic Contents Delivery Service API for Java ME；
- JSR 927：JavaTM TV API 1.1。

Configuration、Profile和可选包3部分都运行在Java虚拟机之上，虚拟机运行在宿主操作系统（Host Operating System，HOS）上，而宿主操作系统是硬件设备的系统软件的一部分，虚拟机、Configuration、Profile、可选包与宿主操作系统各个层次之间的关系如图3-2所示。

图3-2　Java ME的层次结构

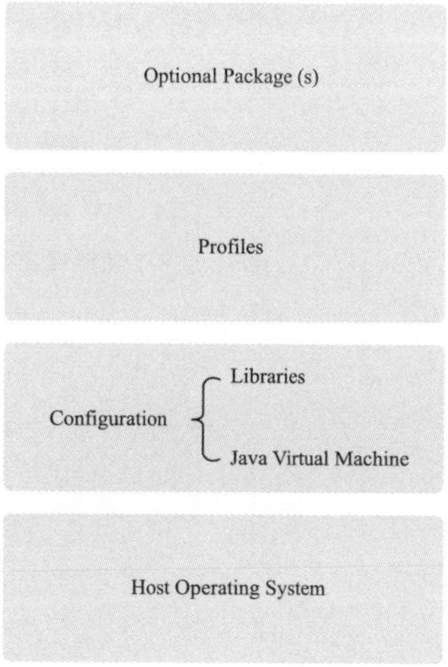

3.2.2 Java ME虚拟机介绍

1. JVM

众所周知，良好的跨平台性是Java语言的特性之一。实际上，这种跨平台性正是在Java虚拟机(Java Virtual Machine，JVM)的基础上得以实现的。

JVM是一种解释执行 Class文件的技术规范，各提供商可以根据这个规范，在不同的底层平台上实现自己的JVM。如图3-3是JVM的体系结构，其中主要包括类加载器子系统、运行时数据区和执行引擎等。

(1)类加载器子系统

在JVM中，类加载器子系统负责查找并装载Class文件。所谓类的加载，是指将Class文件加载到JVM，并形成Class对象的过程。通常，JVM中类的加载过程分为3个步骤：类的装载、链接和初始化。如图3-4如示。

图3-3　JVM体系结构

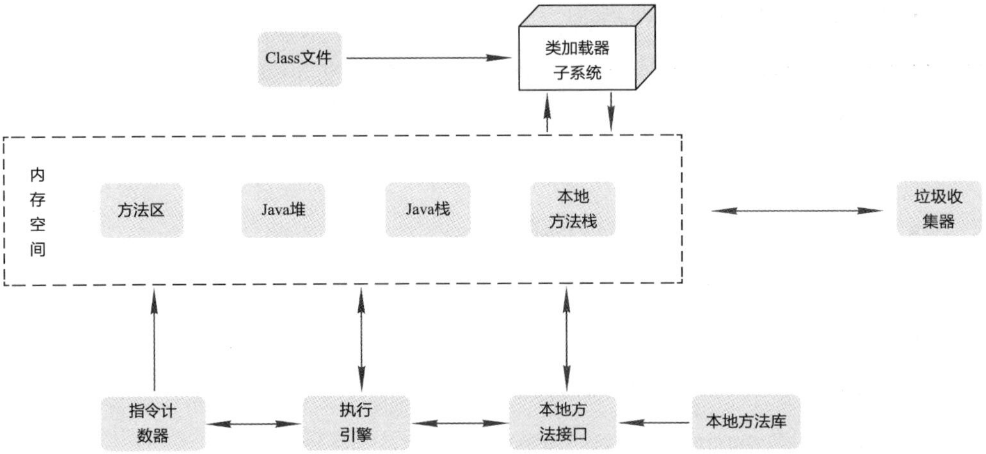

图3-4　JVM类加载过程

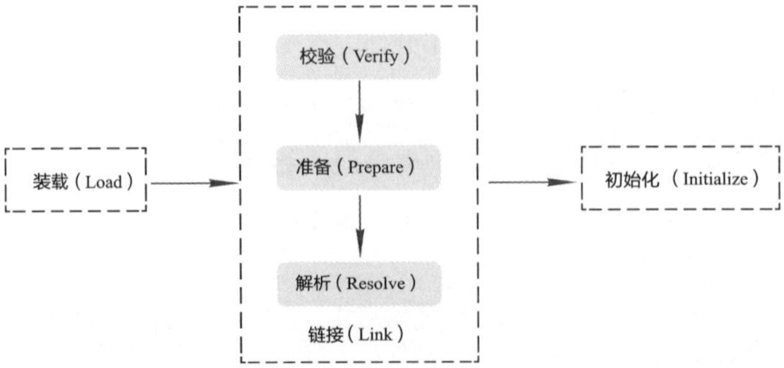

- 装载：类的装载（Load）是指将二进制的字节码装载到JVM中，这里的二进制字节码可以是运行时用到的外部类，也可以是从网络上下载的Class文件。类装载成功后，进入链接阶段。
- 链接：链接（Link）过程又可分为校验（Verify）、准备（Prepare）和解析（Resolve）阶段。

按照JVM规范的规定，二进制的字节码文件必须遵循Java Class File Format的格式，否则，在链接过程的校验阶段将会抛出“Verify Error”错误提示；同样，在这一过程中还会加载当前类所引用的其他类和接口，如果这些类和接口的加载失败，则会抛出“No Class Def Found Error”错误提示。

在完成校验之后，进入准备阶段，JVM会为类变量分配内存空间，并赋上默认值。

最后是解析阶段，JVM负责把运行时常量池中引用的符号解析成具体值。

- 初始化：在接下来的初始化（Initialize）阶段，将初始化类中的静态属性，并且执行类中的静态初始化代码。通常而言，类的初始化工作可由以下4种方法调用：第一，显式调用new；第二，反射调用类的方法；第三，子类被初始化从而引起父类初始化；第四，设置JVM启动时指定的初始化类。

（2）运行时数据区

在Java程序的运行中，JVM利用“运行时数据区”来存储和管理诸如字节码，程序创建的对象，调用方法传递的参数、返回值、局部变量等数据。运行时数据区又根据各自功能的不同，分为方法区、堆、程序计数器和栈等。

（3）执行引擎

Java程序的每一个线程都是一个独立的虚拟机执行引擎的实例。从线程生命周期的开始到结束，它要么在执行由Java文件编译生成的字节码，要么在执行本地方法。一个线程可能通过解释或者使用芯片级指令直接执行字节码，或者间接通过准时生产方式（Just In Time，JIT）执行编译过的本地代码。

在 Java ME中有两类虚拟机：C虚拟机（C Virtual Machine，CVM ）与K虚拟机（K Virtual Machine，KVM）。KVM和CVM均可被看作是一种Java虚拟机，但两者的适用范围并不相同。

2．CVM

CVM遵循CDC标准，为高端的嵌入式设备而设计。此类设备具有32位处理器，2MB以上的内存等特点，如数字机顶盒、高端的PDA和车载电子系统等。

3. KVM

KVM遵循CLDC标准，适用于小型的嵌入式设备，比如那些靠电池供电的移动电话、PDA等。为此，它去掉了JVM中的某些特性。这些特性包括以下内容。

- 用户定义的类加载器：遵循CLDC的KVM不支持用户定义的类加载器（Class Loader），而拥有一个内建的类加载器bootstrap。
- 线程组和守护线程：KVM实现了多线程，但并不支持线程组和守护线程。如果程序开发者期望对一组线程进行操作，必须在应用程序中借助容器器类（如List、Vector等）实现。
- 类实例的Finalization：CLDC类库不包括java.lang.Object.finalize( ) 方法。因此，KVM不支持类实例的finalization方法。
- 异步异常：KVM的错误处理能力受到限制，与JVM规范不同，KVM不支持异步异常（Asynchronous Exception）。

3.2.3 Java ME 配置

Java ME中的Configuration是针对不同硬件设备的资源配置情况而提出的，可以理解为是Java虚拟机对于其运行的硬件资源的定义。Java ME中定义了两个配置：一个是CLDC，另一个是CDC ，它们针对具有不同硬件资源能力的设备，因此它们所使用的Java虚拟机和核心类库也是不相同的。其中，CLDC适合低端消费类电子设备，使用的虚拟机是KVM，这与其处理器性能和内存容量相适应；CDC适合高端消费类电子设备，使用的虚拟机是CVM。此外，CDC的核心类库比CLDC的类库要大。

1. CLDC

CLDC的目的是为资源有限的设备定义标准的Java 平台，基于该平台，允许动态下载运行应用程序和向这些设备发布内容，以方便第三方应用软件开发商将已有的应用程序移植到该设备上。CLDC的硬件配置要求及特性如下。

- 至少具备128KB的非易失性存储器容量（如ROM，Flash等）为Java虚拟机和CLDC类库使用。
- 至少具备32KB的易失性存储器容量（如DRAM）为Java虚拟机运行环境使用（为对象分配内存空间）。

- 低功耗供电。
- 具有较低速率的网络连接能力。

根据JSR30和 JSR139规范，CLDC中包括的功能特性有以下内容：

- Java语言和虚拟机特性。
- Java核心类库（如java.lang.*，java.io.*, java.util.* ）。
- 输入/输出。
- 对网络的支持。
- 对安全性的支持。
- 对国际化的支持。

CLDC规范不涉及的功能特性包括以下内容：

- 应用程序的生命周期管理（包括载入、启动、删除应用程序）。
- 用户界面功能。
- 事件处理。
- 高层的应用程序模型（处理用户和应用程序之间的交互语义）。
- CLDC的安全性。CLDC会处理基于虚拟机的安全性，及在程序下载时对Class文件的验证工作。而基于应用程序的安全性是指通过使每个应用程序分别运行在相对独立的封闭环境中（Sand-box）来保证处于被保护的系统Package中的类不能被应用程序重载。

以上5个特性在CLDC范畴内不涉及，这些特性留给基于Configuration之上的Profile层面来解决。

2．CDC

CDC规范的硬件配置要求及特性如下：

- 至少具备512KB的非易失性存储器容量为Java虚拟机和CDC类库使用。
- 至少具备256KB的易失性存储器容量为Java虚拟机运行环境使用（为对象分配内存空间）。
- 具有较高速率的网络连接能力。

图3-5画出了CLDC、CDC和Java SE之间的包含关系。从图3-5中可以看出，CDC和CLDC运行环境中的大部分功能特征都继承自Java SE。在CDC和CLDC中每一个继承自Java SE运行环境的类，或者是等价于Java SE中相应的类，或者是Java SE中相应类的子集。例如，java.lang.util和java.io类库都进行了相应的缩减，以此来适应小内存容量的运行环境。

另外，在CDC和CLDC中还加入了一些并非来自Java SE的特性，例如，在Java SE和Java EE中定义的用于处理存储器和网络系统的输入、输出访问功能的类库（见java.io和java.net包），这些类库在Java ME中并不适合，因为CLDC运行环境中总内存容量的限制，所以在CLDC中定义了通用连接（Generic Connection）框架来替代它们。

3.2.4 移动信息设备简表简介

移动信息设备简表（Mobile Information Device Profile，MIDP）是为手机、PDA等无线通信领域的嵌入式设备上的Java语言应用程序而制定的规范。MIDP是Java ME平台的一部分，基于CLDC Configuration，对应用程序的语义模型和控件、用户界面接口、持久化、网络连接等内容进行了规范。MIDP的目标是为了解决无线通信领域的嵌入式设备上Java应用程序的兼容问题。

MIDP有提供广泛功能的潜在能力，但是MIDP 1.0及MIDP 2.0规范制定的专家们只关注有限的一部分功能API，这部分功能对于实现广泛的可移植性和成功的部署来说是至关重要的。这部分功能包括以下内容：

- 应用程序的发布及计费。
- 应用程序的生命周期（如定义一个MIDP应用的语义并且定义它是如何被控制的）。
- 应用程序签名模型及特权域安全模型。
- 通过Https的端到端事务安全性。

图3-5 Configuration与Java SE的关系

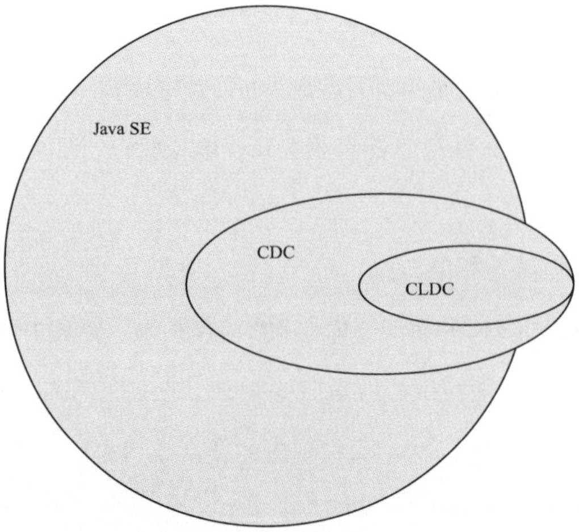

- MIDlet推送注册（服务器端的推送模型）。
- 网络支持。
- 持久化存储。
- 声音。
- 定时器。
- 用户界面（包括显示和输入，以及游戏的特定需求）。

以上特性在官方的文档中有比较深入的介绍。根据同样的理由，一些功能不包含在MIDP的范围中，主要内容如下。

- 系统级别API：MIDP API的重点是针对移动设备的应用程序开发者，而不是系统级别的编程。因此，一些指定系统接口的底层API，如MID（Mobile Information Device）的电源管理或语音编解码器，就超出了MIDP规范的范围。
- 底层安全性：MIDP不指定除CLDC规定外的其他低层安全功能。

MIDP规范的硬件配置要求及特性如下所述。

- 显示。
  - 屏幕尺寸：96×54。
  - 显示深度：1位。
  - 像素形状（长宽比）：近似1∶1。
- 输入。
  - 下面用户输入机制中的一个或多个。
    - 单手键盘。
    - 双手键盘。
    - 触摸键盘。
- 内存。
  - 256KB非易失性内存供MIDP组件使用，超出CLDC的需求。
  - 8KB非易失性内存供应用程序创建持久化数据。
  - 128KB易失性内存供Java虚拟机运行时使用（如Java对象堆）。
- 网络。
  - 双向、无线、可能会间歇、带宽有限。
- 声音。
  - 能够播放音调。

MIDP的目标是为MID创建一个开放、标准的第三方应用程序开发环境。其高层体系结构如图3-6所示。理想情况下，这个规范只需解决在MIDP规范中定义的功能。然而实际上大多数实现了MIDP规范的设备都是今天在市场上已经存在的设备，至少一开始是这样。因此需要注意的是，并不是所有实现了MIDP的设备都有下面给出的高层体系结构图中定义的元素，也不是每个设备都必须实现如图3-6所示的层次。

在这个高层体系结构中，位于最低层的是MID层，它代表移动信息设备（Mobile Information Device，MID）的硬件。在MID层之上是本地的系统软件（Native System Software，NSS）层，该层包括操作系统以及设备所使用的库。接下来就是CLDC软件层，它代表了CLDC规范定义的虚拟机和相关的库，为高层创建的Java API提供了基础的Java功能。

在CLDC层之上有两种类别的API：MIDP APIs和OEM-specific APIs。

其中，MIDP APIs将在下面详细介绍，OEM-specific APIs由OEM厂商提供，根据自己设备的特殊需求或者硬件特性提供单独的、定制的接口，这些类无法移植到其他移动设备上使用。

尤其需要注意的是，在图3-6中，CLDC是MIDP以及OEM-Specific APIs的基础，但是，这并不是说这些API不能有本机的功能方法（例如，可以将方法声明为Native）。一个MID上的任何Native方法实际上都是虚拟机的一部分，它将Java级别的API映射到底层的Native实现上。

图3-6最高层的块实际上展示了一个MID上可能的应用程序类型，对其进行一个简要的描述如表3-1所示。

图3-6　MIDP高层体系结构图

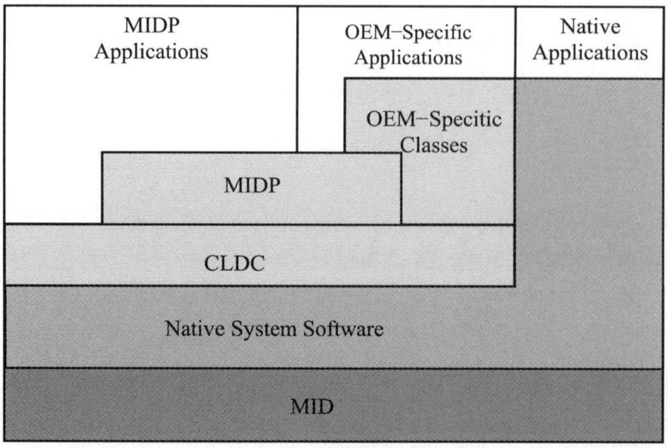

应用类型	描　述
MIDP	一个MIDP应用（或者说是一个MIDlet）只使用MIDP和CLDC规范中定义的API。这种应用类型是MIDP规范的核心，并且有望成为MID应用程序最常见的类型
OEM-Specific	这种应用并不依靠MIDP规范，并且在不同厂商的MID之间应用不可移植
Native	这种应用不使用Java编写，位于MID已有的本机系统软件之上

注：OEM-Specific和Native类型的应用超出了MIDP规范的内容。

表 3-1 MID应用描述

本章小结

本章首先介绍了Java语言及Java开发平台的基本概念、运行环境以及Java标准类库API。然后着重介绍了针对嵌入式设备的Java版本——Java ME，它和Java SE、Java EE一起构成了Java平台的3个版本。Java ME实现了将Java语言的平台无关特性移植到小型嵌入式设备的目的。

本章还介绍了Java ME的体系结构以及Java ME体系结构中3个核心概念——配置、简表和Java ME可选包。

配置是针对嵌入式设备硬件资源的定义，不同的配置级别硬件资源能力是不同的。简表是Java ME平台针对特定应用领域的应用程序开发提供的集合规范，包括用户界面接口、持久化、网络连接等内容。基于Java ME简表的API开发的应用程序具有很好的可移植性。

此外，本章介绍了Java ME虚拟机的类加载过程，加载过程分为3个步骤：类的装载、链接和初始化。

最后，本章介绍了Java ME平台提供的CDC、CLDC以及MIDP。总的来说，本章介绍的是Java ME的基本概念和知识，在接下来的两章中将结合MIDP应用编程和应用实例开发进一步阐述Java ME的相关内容。

习题

1. 填空题

（1）Java 平台有 3 个版本，分别是：

a. 主要是面向个人 PC 桌面 Java 应用程序的开发，称为__________。

b. 主要是面向复杂的企业级应用开发和部署，称为__________。

c. 主要是面向手持移动设备，消费电子产品等嵌入式设备的开发，称为__________。

（2）Java ME 已经定义了两种配置，分别是：面向小型移动设备的__________和面向高端类的电子设备__________。

（3）Java 虚拟机中类的加载过程分为 3 个步骤，分别是__________，__________，__________。

（4）KVM 遵循 CLDC 标准，适用于小型的嵌入式设备，它去掉了 JVM 中的某些特性，如 __________，__________，__________，__________。

（5）CLDC 的目的是为小型的资源有限的设备上定义标准的 Java 平台，CLDC 的硬件配置要求至少具备 __________ KB 的非易失性存储器容量（如 ROM、Flash 等）为 Java 虚拟机和 CLDC 类库使用；至少具备__________ KB 的易失性存储器容量（如 DRAM）为 Java 虚拟机运行环境使用（为对象分配内存空间）。

2. 选择题

请从下列选项中选出 MIDP 中包含的功能：

a. 应用程序的发布及计费；

b. 应用程序的生命周期（如定义一个 MIDP 应用的语义和它是如何被控制的）；

c. 应用程序签名模型以及特权域安全模型；

d. 通过 Https 的端到端事务安全性；

e. MIDlet 推送注册（服务器端的推送模型）；

f. 网络支持；

g. 持久化存储；

h. 声音；

i. 定时器；

j. 用户界面（包括显示和输入，以及游戏的特定需求）；

k. 系统级别 API；

l. 低层安全性：MIDP 不指定除 CLDC 规定的其他低层安全功能。

3. 问答题

（1）Java ME 平台是专门针对快速增长的消费电子设备而设计的 Java 平台。和其他 Java SE、Java EE 版本一样，Java ME 保持了 Java 平台的哪些特性?

（2）KVM 与 JVM 的区别有哪些?

（3）Java ME 定义了 3 个基本概念——配置、简表、可选包，请简述这 3 个基本概念。

第四章 MIDP应用编程

本章将介绍移动信息设备配置文件（Mobile Information Device Profile，MIDP）的2.0版本规范。MIDP是针对Java 2平台的Micro Edition（J2ME）而设计的，目的在于通过提供一个增强的体系结构和相关的API，为移动信息设备的开发建立一个开放的、第三方的应用程序开发环境。MIDP 2.0规范基于MIDP 1.0规范，并且向后兼容MIDP 1.0版本，因此用MIDP 1.0规范编写的应用程序可以在MIDP 2.0环境中运行。

4.1 >MIDP应用程序模型

在MIDP 2.0规范的应用程序包中，对MIDP应用程序、应用程序之间的交互以及应用程序运行的环境进行了定义，MIDP的一个应用程序就称为一个MIDlet。MIDP定义了一个应用程序模型，这个模型使设备的有限资源在MIDP应用程序（MIDlet）之间共享，它定义了什么是MIDlet，MIDlet如何被打包以及MIDlet如何运行以使得设备能够管理它的资源。该应用程序模型定义了多个MIDlet如何被打包在一起形成一个MIDlet套件以共享Java虚拟机同一上下文的资源。共享在有限的资源和安全的设备框架下是可行的，因为它们必须共享类文件并且接受单独的一套策略和控制。

4.1.1 MIDP MIDlet套件

一个MIDP应用程序（MIDlet）在开发、测试、部署以及运行阶段只能使用MIDP规范定义的功能。MIDlet套件包含以下元素：

- 运行时执行环境。
- MIDlet套件打包。
- 应用程序描述符（Descriptor）。
- 应用程序生命周期。

每一个设备都可认为它实现了用户安装、选择、运行、删除MIDlets所需的功能。应用程序管理软件提供了一个MIDlet可以被安装、运行、暂停以及删除的环境，同时它也负责处理在安装、运行、删除MIDlet套件时产生的错误，以及在与用户交互中产生的错误。最后它为MIDlets提供了MIDP规范所要求的Java虚拟机环境。

一个或多个MIDlet可能会被打包在一个JAR文件中，每一个MIDlet都包含一个继承了

MIDlet Class的类和其他MIDlet所需的类，JAR包中的Manifest文件包含了在安装和执行MIDlets期间用到的属性，一个MIDlet实际上就是被应用程序管理软件启动的一个实体，当一个MIDP套件被调用时，需要一个Java虚拟机让类在其上运行，一个新的MIDlet实例被应用程序管理软件创建并且被用来指导MIDlet的启动、暂停和销毁。

MIDlets之间数据及其他信息的共享是由单独的API来控制的。例如，记录管理系统（RMS: Record Management System）规定了当与一个MIDlet套件关联的记录数据在MIDlet之间共享时会被使用的一些方法。

4.1.2 MIDP MIDlet生命周期定义

下面是用在MIDlet生命周期里的几个定义。

- 应用程序管理软件：是设备的软件操作环境的一部分，用来管理MIDlet，它维护MIDlet的状态并且指导MIDlet状态的转化。
- MIDlet：设备上的MIDP应用程序。MIDlet能够向应用程序管理软件发送信号以告诉其是否想要运行或者已经运行完成，一个MIDlet不能够通过MIDlet API获取其他MIDlet的信息。
- MIDlet States：一个MIDlet所能拥有的状态可以通过MIDlet接口规定其被允许的转化范围来定义，只有应用程序才能知道更多的具体应用状态。

图4-1所示是MIDlet的状态机图，从图4-1中可以看出一个MIDlet具有以下几种状态。

- Paused：表示MIDlet被初始化或者是静止状态，它不应该持有或使用任何共享资源。

图4-1　MIDlet状态机图

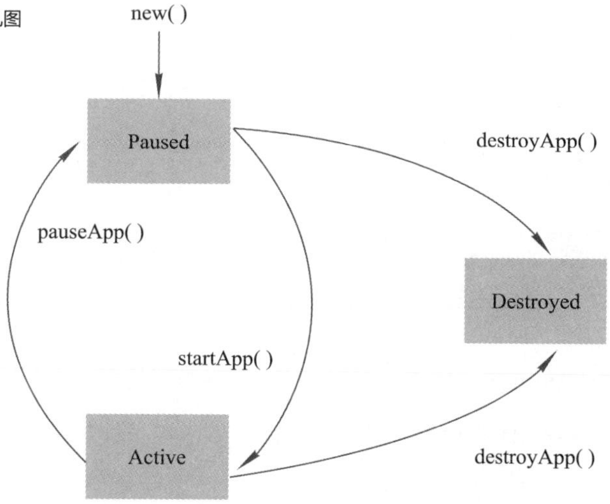

进入该状态的几种情况如下所述。

- MIDlet刚被创建时就进入此状态，当无参构造函数被调用来生成一个MIDlet并且不抛出任何异常时，则进入Paused状态，在这一步通常应用程序很少或者根本不做初始化工作。如果一个异常抛出，应用程序则会直接进入Destroyed状态并且被销毁。
- 目前处于Active状态，调用MIDlet.pauseApp( )方法成功后，会进入Paused状态。
- 目前处于Active状态，当对该MIDlet的MIDlet.notifyPaused( )返回成功时，会进入Paused状态。
- 目前处于Active状态，如果startApp方法抛出一个MIDletStateChangeException异常时，会进入Paused状态。

● Active：表示MIDlet正常运行，在下面这种情况时会进入该状态。

- 调用ResumeRequest方法就可从Paused状态转到Start状态。

● Destroyed：MIDlet会终止，并且所占的资源全部释放。会在以下两种情况下进入此状态（注意：该状态只会进入一次）

- 当调用MIDlet.destroyApp( )方法并且返回成功时会进入Destroyed状态，在Unconditional参数为False并且抛出MIDletStateException异常时不会进入。调用destroyApp( )方法会释放所有被该程序占用的资源，并且会进行必要的垃圾回收和清理。
- 当调用MIDlet.notifyDestroyed( )方法并且返回成功时会进入Destroyed状态，此时在调用MIDlet.notifyDestroyed( )方法之前会进行等同于MIDlet.destroyApp( )的销毁工作。

一个典型的MIDlet执行的顺序如表4-1所示。

表 4-1 典型MIDlet执行的顺序

应用管理系统	MIDlet
应用管理软件创建一个MIDlet实例	MIDlet默认的无参构造函数会被调用，初始时是Paused状态
应用管理软件会在合适的时机启动MIDlet，因此会调用MIDlet.startApp方法，进入Active状态	MIDlet会获取它所需的资源，并且开始提供服务
应用管理软件想让该MIDlet显著减少其所占的资源以进行设备的其他功能，如接听电话、运行其他的MIDlet等，因此，应用管理软件就会通过调用MIDlet.pauseApp方法暂停该MIDlet，这样MIDlet就会尽可能减少其所占用的资源	MIDlet停止提供服务，会释放一部分其所占的系统资源
应用程序管理软件认为不再需要该MIDlet了，或者认为它应该让位于一个更高优先级的MIDlet，此时就会通过调用MIDlet.destroyApp方法终止该MIDlet	MIDlet会保存用户设置以及状态，并且进行一些清理工作

下面整理一下MIDlet提供的接口，并对其对应的行为进行简单的介绍。

● pauseApp —— MIDlet会释放所有临时资源，并且变成被动状态。

● startApp —— MIDlet会获取它所需的所有资源并且恢复。

- destroyApp—— MIDlet会保存所有状态并且释放所有资源。
- notifyDestroyed —— MIDlet通知应用程序管理软件自己已经完成销毁。
- notifyPaused —— MIDlet通知应用程序管理软件自己已经暂停了。
- resumeRequest —— MIDlet向应用程序管理软件请求再次开始运行。
- getAppProperty —— 获取MIDlet的一个命名属性。

4.1.3 MIDlet编程举例

下面的例子利用MIDlet生命周期完成了一个简单的测试Java虚拟机速度的程序。

```
/**
* 本例是一个简单的MIDlet时间测试应用，当被应用程序管理软件启动时，该MIDlet
* 会创建一个单独的线程来进行测试。当MIDlet运行完成时，它会通知应用程序管理软件。
* 参见 startApp、pauseApp,和destroyApp ，以便明白它是如何处理每一个请求的。
*/
public class MethodTimes extends MIDlet implements Runnable {
    // The state for the timing thread.
    Thread thread;
    public void startApp() {
        thread = new Thread(this);
        thread. start();
    }
    public void pauseApp() {
        thread = null;
    }
    public void destroyApp(boolean unconditional) {
        thread = null;
    }
    public void run() {
        Thread curr = Thread.currentThread(); // Remember which thread is current
        long start = System.currentTimeMillis();
```

```
for (int i = 0; i < 1000000 && thread == curr; i++) {
        empty();
    }
    long end = System.currentTimeMillis();
    // Check if timing was aborted, if so just exit
    // The rest of the application has already become quiescent.
    if (thread != curr) {
        return;
    }
    long millis = end - start;
    // Reporting the elapsed time is outside the scope of this example.
    // All done clean up and quit
    destroyApp(true);
    notifyDestroyed();
  }
  void empty() {
}
}
```

4.2 用户界面编程

4.2.1 概述

MIDP为移动信息设备提供了用于界面显示的一组API，这组API位于javax.microedition.lcdui包中。移动设备（如手机）和传统的桌面系统有很大区别，尤其体现在用户如何与其交互上。下面是在设计用户界面API时考虑到的一些重要需求。

- 移动设备的应用要易于被普通用户使用（即不必有专业的计算机操作技能）。
- 移动设备的应用要保证在用户不能专注于应用时能够使用，如该设备的应用可以使用一只手就可操作。
- 由于移动设备的屏幕尺寸普遍较小，因此不同设备上的形状系数和用户界面概念会有不同，尤其是相对于桌面系统来说。
- 设备上的应用程序要尽量与设备本机的自带应用程序有良好的兼容性，有良好的用户体验。

MIDP的用户界面逻辑上包含两类API：高层用户界面API和低层用户界面API。高层用户界面API主要为客户端运行在MID设备上的商业应用服务，对这类应用来说，设备间的可移植性非常重要。因此为了实现可移植性，高层用户界面API采用了高层抽象，并且对“观感”（Look and Feel）提供了很少的控制，可以采用本机的界面观感实现。这里的高层抽象主要体现在以下几个方面。

- MIDP设备界面的显示绘制实际上由具体实现来决定，而应用程序本身并不定义界面组件的视觉展示（如形状、颜色、字体等）。
- 导航条、滚动条及其他一些基本的交互组件是由具体实现来封装的，应用程序感知不到这些交互。
- 应用程序不能访问具体的输入设备，如某一特定的按键。

实际上，在使用高层API时，开发人员假设界面的底层实现已经为设备的硬件和本地界面风格做了必要的适配工作，提供高层用户界面API的类都是Screen类的子类，后面会对Screen类进行介绍。另一方面，低层API是为需要精确定位及控制图形元素的应用程序而设计的，同时也包括对低层输入事件的访问，因此低层用户界面API很少提供抽象。除了这类应用之外，还有一些应用需要用到与设备相关的一些特性，这种应用的一个典型例子就是游戏。

使用低层用户界面API，一个应用可以做以下事情：

- 可以完全控制屏幕上绘制的图案；
- 监听设备的原始事件，如键盘按键的按下或者释放；
- 访问具体的按键和其他的输入设备。

提供低层用户界面API的类是Canvas和Graphics。使用低层用户界面API编写的应用程序并不能保证可移植性，因为这些API向程序员提供的是访问与特定设备相关的细节，即低层API与特定设备的细节相关。如果应用程序不使用这些与特定设备相关特性的API，那么应用程序就具有可移植性了。因此，应用程序设计人员应尽量使用低层用户界面API中那些与平台无关的部分，即在开发应用时除Canvas类中规定的键（Keys）之外，不能假设有其他键存在，并且屏幕的尺寸也不能认为是固定的。在设计游戏应用时，对于游戏键（Game-Key）的处理应避免使用具体的键，而要采取映射的机制，将游戏中使用的键和具体键盘的键对应起来，并且对于屏幕尺寸，要通过方法查询屏幕的大小作相应的调整。

用户界面API的类层次结构如图4-2所示，其中Display类表示一个逻辑屏幕，它包含获取设备属性以及请求显示在屏幕上的对象的方法，MIDlet可以通过Display显示用户界面；Displayable类是所有用户界面类的基类，它本身并没有提供很多具体功能，而是通过其子类提供的，这些子类构成了用户界面的基础。在图4-2中，Screen类和Canvas类均是抽象类，分别代表了高级和低级用户界面接口。

图4-2 用户界面API类层次结构

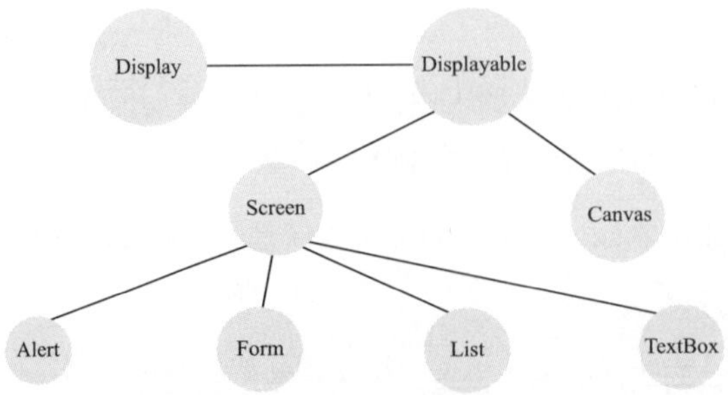

4.2.2 高级用户界面

Screen 类属于高级图形用户界面组件，它是所有高级用户界面API的基类，屏幕显示的内容和用户交互都在它的子类中进行定义。使用子类定义的方法，应用程序可以在显示给用户界面时改变Screen对象的内容，而如果Screen对象可见，则Display对应的逻辑屏幕内容会自动更新，即是说，这种改变不需要等待应用程序的其他操作就会及时地更新Display。

比如，当前一个List对象正在被显示，并且List中的每个元素都是可见的，如果应用程序向该List头部插入一个新的元素，则会被立即显示出来，并且其他元素也会相应地排列，不需要应用程序调用额外的方法来刷新屏幕对象。

Screen类继承自Displayable类，同时也在其基础上增加了一些功能，包括一个可选的标题字符串以及一个可选的Ticker，以此显示滚动文本信息。

Screen类有4个子类，分别是Alert、Form、List、TextBox类。下面主要介绍Alert和Form。

1. Alert

Alert（报警）是一个屏幕，显示数据给用户并在显示下一个界面时等待一定时间。一个Alert可以包含一个文本字符串以及一幅图片，Alert的用途是报告用户错误以及其他的异常信息。

应用程序可以通过setTimeout（Alert, FOREVER）方法设置报警时间，在Alert被认为是“节点”状态，而且实现提供了一种特性，允许用户“取消”（Dismiss）这个Alert，这样看起来好像是设置的时间到期了而切换到下一个屏幕。

一个报警可能有一个报警类型（AlertType）与之关联，以指示报警所具有的性质，具体实现可能会使用到该警报类型来对当前用户的警报发出一个合适的声音。

一个报警还可能包含一个可选的图像（Image）。图像既可以是易变的也可以不是，如果一个图像是易变的，则显示效果看起来好像是图像内容的快照在警报对象同Image对象被构造（Image调用setImage()方法）时那一刻被取出来显示一样。这个快照无论在Alert对象何时被显示出来都会被使用。表4-2是Alert的具体API信息。

表 4-2 Alert的具体API信息

Alert类成员	具体API信息
static Command DISSMISS_COMMAND	该命令传递给命令监听器，指示Alert被取消
static int FOREVER	指示该Alert永远可见，除非用户取消该Alert

表4-3是Alert提供的一些重要方法。

表 4-3 Alert提供的一些重要方法

Alert类成员	提供的重要方法
addCommand(Command cmd)	向Alert添加一个命令，DISSMISS_COMMAND会被隐式移除
getDefalutTimeOut()	获取显示警报的默认时间
getImage()	获取警报所使用的图像
getIndicator()	获取当前警报对象的活动指示器
getTimeout()	获取警报将被展示的时间
getType()	获取警报类型
removeCommand(Command cmd)	移除警报的一个命令，在最后一个命令被移除时，DISSMISS_COMMAND被隐式添加
setCommandListener(CommandListener l)	设置一个命令监听器
setImage(Image img)	设置警报使用的图像
setIndicator(Gauge indicator)	为警报设置一个活动指示器

2. Form

Form是Screen类的子类，包含下面的任意项（Item）混合：图像、只读文本框、可编辑文本框、可编辑数据域、计量表、选择框以及定制项。一般来说，Item类的任意子类都可以包含在一个Form中。Screen从其父类继承了一些功能，如设定标题和显示Ticker，并可以与Commands关联，可向Form中添加的元素都是从Item派生而来的。

在Form中的Items可以使用Append、Delete、Insert及Set方法进行编辑，这些Item通过索引来指定，索引是数值类型的，从0到size()-1，0代表第一个元素，而size()-1代表最后一个元素。一个Item至多放在一个Form中，如果应用程序试图将一个Item放到一个Form中，而该Item已经被另一个Form拥有，或者该Item已经被该Form拥有，则会抛出IllegalStateException异常。因此应用程序在将一个Item插入到新的Form中时，必须将其从原来的Form中删除。

Form有两个构造函数：Form(String title)和Form(String title, Item[] items)。

第一个构造函数使用一个标题创建一个空的Form，标题也可以为空，但是一般很少这样做；第二个构造函数除了指定Form的标题外，还向其添加一些初始的Item，这些Item保存在一个数组列表中，同时Form也提供了一些方法来在这个列表的末尾增加一些Item：public void append(Item item), public void append(Image img), public void append(String str)。

其中第一个方法添加一个Item到Form中，第二个方法和第三个方法则向Form中添加一个包含图像和文字的Item，这就为添加图像和文字提供了一种简便的方法。

List是一个包含选项列表的屏幕，当一个List在屏幕上显示时，用户可以通过选择元素或者遍历、滚动元素与List进行交互。TextBox允许用户输入并编辑文本，一个TextBox的最大尺寸就是该对象所能存储的最大字符数，这个尺寸在构造TextBox对象时即被强制指定。

4.2.3 低层用户界面

低层用户界面API继承自Canvas类，它和Screen类一样是Displayable的直接子类，用户利用这些低层用户界面API对设备精确控制，如在像素级别绘制屏幕、控制颜色和字体等。与高层用户界面API相比控制更加灵活，因为它直接与硬件设备打交道，但同时也存在复杂性高、成本高的缺点，并在可移植性方面没有高层用户界面API好。

Canvas类继承自Displayable类，因此它可以与Commands相关联，但是它不能提供标题及Screen具有的能力。Canvas类主要负责处理低层事件及绘制屏幕，游戏程序中会大量使用Canvas类。从应用程序开发的角度来说，Canvas类可以与标准的Screen类进行交互，因此一个应用可以将Canvas及高层屏幕（High-Level Screens）混合使用。例如，一个List屏幕可以被用来选择比赛游戏的跑道轨迹，一个Canvas子类可以实现实际的游戏。

Canvas类为开发人员提供了方法来处理游戏动作、键盘事件、指针事件（如果设备支持）。同时也有相应的方法能够识别设备的特性并将游戏动作与键盘的键进行对应。

同其他Displayable的子类一样，Canvas类可以为Commands注册一个监听器，然而不像其他的Displayable子类的是，为了能够使用Canvas类，必须在应用中再对其子类化，并实现paint()方法，这样才能在屏幕上绘制出想要的画面。而其他的事件报告（Event-reporting）方法并没有声明为Abstract，并且它们的默认实现为空，因此应用程序只需覆盖其感兴趣的事件实现即可。

1. Key Events

设备键盘的每个键都对应于一个键盘编码（Key Code），每个键盘码的值都是唯一的，且与键盘上的键一一对应，MIDP定义了如下的键盘编码：KEY_NUM0、KEY_NUM1、KEY_NUM2、KEY_NUM3、KEY_NUM4、KEY_NUM5、KEY_NUM6、KEY_NUM7、KEY_NUM8、KEY_NUM9、KEY_STAR以及KEY_POUND。这些键盘码对应于符合ITU-T标准的手机键盘。其他型号的键盘或许还会有其他的键，但是这些键的键盘码和上面列出的会有区别，为了保证可移植性，应用应该仅适用以上标准的键盘码。

标准键盘码的值等于代表该键字符的Unicode编码。如果该设备包含任意其他的键与某个Unicode字符相等，则它的键盘码值就是该字符的Unicode编码；对于那些没有相对应的Unicode字符的，在实现时必须使用负值。零被定义成一个无效的键盘码，因此在程序中一般使用下面的代码将一个键盘码转换成一个Unicode字符：

```
if (keyCode > 0) {
        char ch = (char)keyCode;
        // ...
}
```

这个方法只有在某些有限制的情况下有用，但在处理全文本输入时就会有问题，因为上面的代码没有处理大小写的情况、键盘的Shift状态以及需要多次击键才能输入的字符。对于全文本输入，应用程序应当使用TextBox和TextField对象处理。在某些时候为了显示键的信息需要通过键盘码找到该键的名称，可以通过调用getKeyName()得到键的名字。

2. Game Actions

对于游戏应用来说，可移植性非常重要，游戏的方向键事件以及其他与游戏相关的事件应当使用游戏动作（Game Action），而一般不使用键盘码及键盘名称。MIDP定义了下面的Game Actions：UP、DOWN、LEFT、RIGHT、FIRE、GAME_A、GAME_B、GAME_C和GAME_D。每一个键盘码都会被映射到至多一个游戏动作，一个游戏动作可以对应于多个键盘码。应用可以使用getGameAction(int keyCode)方法将一个键盘码转换成对应的游戏动作，也可以通过getKeyCode(int gameAction)方法将一个游戏动作转换成对应的键盘码，可能会有多个键盘码对应于一个游戏动作，但是该方法只返回其中的一个。

假定键盘上g是一个有效的游戏动作，k是一个有效的键盘码，与一个游戏动作相关联，考虑下面的表达式：

```
g = getGameAction(getKeyCode(g))     // (1);
k = getKeyCode(getGameAction(k))     // (2)。
```

第一个表达式永远是true，但是第二个表达式不总是true，原因是游戏动作和键盘码之间是一对多的关系。在应用执行时不允许改变游戏动作与键盘码之间的映射关系。

3. Commands

当一个Canvas当前可用时，用户即可发布命令（Commands），命令映射到特定设备的键盘上，对于一些设备来说，命令键可能会和Canvas键盘码事件的键重叠，如果这种情况发生，设备会提供一种方式来让用户选择一种模式来决定该键是一个命令或是该应用的一个键盘码事件，这个过程对于应用程序来说是透明的。当Canvas处于正常模式（Normal Mode）时，Canvas可用的键盘码事件集不会因为当前的命令数量或者命令监听器而改变；当Canvas处于全屏模式（full-Screen Mode）时，如果当前没有命令监听器，设备可能会选择为键盘的键发布键盘码事件，否则这些键会为命令发布作保留。游戏开发人员应该知道在不同的设备之间访问命令有很大的不同，在游戏的过程中让用户发布命令有可能对游戏的易用性产生很大的影响。

4. Event Delivery

Canvas对象定义了几种可被具体实现调用的方法，这些方法主要是为向应用程序发送事件的，因此这些方法被认为是事件发布（Events Delivery）方法，这些方法如下所述。

- showNotify();
- hideNotify();
- keyPressed();
- keyRepeated();
- keyReleased();
- pointerPressed();
- pointerDragged();
- pointerReleased();
- paint()。

这些方法都是被连续地调用，即程序实现从来不会在前一个方法调用返回结果之前调用另一个事件发布方法。serviceRepaints()则是一个例外，它会一直阻塞直到paint()方法被调用并返回。

showNotify()方法先于Canvas在屏幕上可见被调用，而hideNotify()方法在Canvas从屏幕上被移除时调用，Canvas对象（或任何其他Displayable对象）的可见状态会通过Displayable.isShown()方法查询获得。

keyPressed()方法在一个键被按下时被调用，它有一个参数int keyCode，在该键被按下时调用；keyReleased()方法类似于keyPressed()方法，在一个键被释放时调用该方法。

pointerPressed()方法在一个指针被按下时被调用，它有两个参数int x和int y，x代表指针被按下的水平位置，y代表指针被按下的垂直位置，其中这两个位置都是相对于Canvas而言的；pointerReleased类似于pointerPressed()方法，在指针被释放时被调用；pointerDragged()方法在指针被拖拽时被调用，它同样有两个参数。

4.3 游戏接口

MIDP在2.0版本中针对游戏开发提供了一组API，能够支持手机游戏开发人员在无线设备上开发出内容丰富的游戏应用，这组API位于javax.microedition.lcdui.game包中，这组API包含了GameCanvas类、Layer类、LayerManager类、Sprite类和TiledLayer类。下面先看一下这组API在设计上的一些考虑。

由于无线设备（如手机、PDA等）处理性能相比桌面PC差很多，因此Game API的设计试图尽可能降低Java虚拟机的负担，即尽可能调用本地的代码，以此来提高应用程序的性能，这样带来的另一个好处是可以使游戏应用的代码体积变小，因为Game API的设计为游戏开发人员提供了很大的自由，即允许开发人员更多地使用本地代码、硬件加速以及与本地设备相关的图形数据格式等，这些都是由各自的设备厂商提供的。

Game API使用了MIDP中关于图形图像处理的标准低层图形类，以便高层的Game API类能够同这些图形类原始方法一起使用。例如，用Game的API完成复杂的游戏背景，然后可以用图形类的drawLine原始方法在背景的某一位置画一条线。

还有一点需要注意的是，在某一方法修改了Layer、LayerManager、Sprite和TiledLayer的对象的状态时，这些改变并不立即产生效果，这些状态的改变会存在对象中，只有在后面调用paint()方法时才会将这些改变体现出来。这种设计的原因是针对游戏应用的特点做出的，因为游戏中包含很多周期，在这一周期里游戏对象的状态会更新，到下一周期时会重新绘制整个屏幕，对象状态的更新会体现出来。

下面介绍Game API里包含的类。

4.3.1 GameCanvas

GameCanvas类是LCDUI包中Canvas的子类，提供了游戏界面处理的模型。GameCanvas除了继承了Canvas的方法，还提供了针对游戏特点的其他方法，主要体现在对游戏键盘的检查和利用双缓冲进行图像绘制，即以游戏为中心。需要提到的一点是，之所以设计GameCanvas，是由于Canvas不能满足游戏应用的特点，因为Canvas类以事件为驱动，界面的更新是响应用户输入的结果；而游戏的特点是到达某一时间点时，无论用户是否输入，程序都会持续地运行并更新界面，是时间驱动的。这样GameCanvas类就能简化游戏的开发，提高游戏的性能。

GameCanvas类的定义是：public abstract class GameCanvas extends Canvas。

GameCanvas类提供了游戏接口的基础。

1. 获取键盘状态

GameCanvas API中与获取键盘状态相关的方法是：public int getKeyStates()。

这个方法能够获得用户键盘游戏键的状态。这个方法的返回值的每一个二进制位代表键盘上的一个键，如果某个二进制位为1，则代表这个键当前被按下或者在getKeyStates方法上次被执行以来已经至少被按下过一次；如果某个二进制位为0，则代表当前这个键没有被按下或者在getKeyStates上次被执行以来还没有被按下过。这种方式叫做锁存，它的好处是，即使在游戏循环运行很缓慢的时候也能准确快速地捕捉键盘的动作。例如下面的代码给出了一个基本的用法：

```
/**
* 获取键盘的状态并存储
*/
    int keyState = getKeyStates();
    if ((keyState & LEFT_KEY) != 0) {
      positionX--;
    }
    else if ((keyState & RIGHT_KEY) != 0) {
        positionX++;
    }
```

调用这个方法会有一个副作用，即清除任何的锁存状态。如果想要获取当前按键的状态，则可以快速连续调用此方法两次，因为第一次调用已经清除了锁存的状态。

一些设备可能不支持直接查询键盘的状态，因此这个方法可以使用基于事件的处理方式获取用户按下或释放键盘的事件，从而获取键盘的状态，这种方式的一个坏处就是游戏程序不能及时获取键盘的状态。

2. 屏幕缓冲

GameCanvas API中提供了两个方法对屏幕缓冲进行处理：

public void flushGraphics();

public void flushGraphics(int x, int y, int width, int height)。

这两个方法的唯一差别就在于方法的参数，第一个方法是将全部界面缓冲区的内容更新到用户可见的屏幕上；而第二个方法是将界面缓冲区的一部分内容更新到用户可见的屏幕上，其中x和y是起点坐标，width和height分别是宽度和高度。

对于每一个GameCanvas实例而言，都会有一个专用缓冲区被创建出来，基于此原因，开发人员可以重用这个实例，这样的话就可以减少内存的占用，开发人员可以认为这个缓冲区里的内容只有在调用该实例包含的图形对象时才会改变，即只有该实例本身才会改变缓冲区里的内容，而外界的Midlets或者系统级的通知都不能改变缓冲区内容。该缓冲区初始会被白色像素点填充。

缓冲区的大小会被设置成GameCanvas界面尺寸的最大值，然而，由于Ticker和commands会占用一部分，因此实际缓冲区的大小会受到限制，当前GameCanvas界面尺寸的大小可以通过getWidth和getHeight这个两个方法获得。

一个游戏程序能够为它自己提供一个线程来运行游戏的循环体。一个典型的循环会检查用户的输入，实现游戏的逻辑，然后更新游戏的界面。下面的代码展示了一个典型的游戏循环的结构：

```
Graphics g = getGraphics();
 while (true) {
    /**
    * 检查用户输入，必要时更新位置信息
    */
    int keyState = getKeyStates();
    if ((keyState & LEFT_PRESSED) != 0) {
        sprite.move(-1, 0);
```

```
        }
        else if ((keyState & RIGHT_PRESSED) != 0) {
            sprite.move(1, 0);
        }
    /**
    * 将背景设置成白色
    */
    g.setColor(0xFFFFFF);
    g.fillRect(0,0,getWidth(), getHeight());
        sprite.paint(g);
        /**
        * 冲刷缓冲区
        */
        flushGraphics();
    }
```

其中通过getKeyState不断检查用户的输入，对用户的输入做出相应的行为，paint方法负责将前面的操作绘制到GameCanvas界面上，然后通过flushGraphics方法将缓冲区的内容更新到用户可见的屏幕上。

4.3.2 Layer

Layer类在Game API中的定义是：public abstract class Layer extends Object。

很显然，Layer类是一个抽象类，代表游戏中的基本视觉元素。每一个Layer对象都会有确定的位置和大小，并且可被设置为可见或不可见。由于Layer是抽象类，因此不能直接实例化，Layer的子类必须实现paint(Graphics)方法。

Layer的具体位置取决于传入paint()方法的Graphics对象的坐标系统，即layer的(x, y)是相对于传进来的对象的坐标系统而言的。这个坐标系统被称为“绘制者的”坐标系统，Layer位置的初始值是(0, 0)。

可以使用Layer类提供的getHeight(), getWidth(), getX(), getY()获取Layer的当前高度、宽度、相对于屏幕左上角定点的横坐标偏移量、纵坐标偏移量；可以通过setPosition(int x, int y)方法设定Layer的位置。

isVisible()方法的返回值是boolean类型的，用来判断当前Layer是不是可见的，可以通过setVisible(Boolean visible)方法设定Layer是否可见。

move(int dx, int dy)方法用来将Layer对象移动一定距离，dx和dy用来表示位移的距离。

abstract void paint(Graphics g)方法用于绘制Layer，前提是该Layer可见，Layer的子类必须实现此方法。

注意开发者不能直接编写代码继承Layer类生成自己的子类，只能使用Game API中定义的两个子类：Sprite和TiledLayer。

4.3.3 Sprite

Sprite类是Layer的子类，它的完整定义是：public class Sprite extends Layer。

Sprite是一个基本的可视元素，可以将存储在图形对像中的帧呈现出来。不同的帧可以渲染Sprite以显示出动画效果。一些翻转、旋转等转换也可以用到Sprite中以获得更好的显示效果，与所有的Layer子类一样，Sprite的位置也能够改变，并且可设置其可见性。

Sprite提供了三个构造函数：Sprite(Image image)、Sprite(Image image, int frameWidth, int frameHeight)、Sprite(Sprite s)。

开发人员可以根据自己的情况选择合适的构造函数。其中，第一个构造函数接收一个Image对象，使用该对象新建一个非动态（即图像静止不动）的Sprite对象；第二个构造函数接收三个参数，根据传入的Image对象包含的帧序列以及每帧的高度和宽度创建一个动态（即有动画效果）的Sprite对象；第三个构造函数根据传入的Sprite对象，创造一个新的Sprite对象。

Sprite类提供了CollidesWith，defineCollisionRectangle方法用于对Sprite对象之间或与Image对象之间的冲突进行定义和检测。另外提供了getFrame、getFrameSequence、getRawFrameCount、nextFrame、prevFrame等方法用于对帧进行处理。

4.3.4 TiledLayer

TiledLayer类也是Layer的子类，它的完整定义是：public class TiledLayer extends Layer。

TiledLayer是用格子表现的视觉元素，每个格子由一些基本单元排列组成，可以被一组图块来平铺填充，TiledLayer对于在2D游戏中构建地图来说非常有用。

它的构造函数是TiledLayer(int columns, int rows, Image image, int tileWidth, int tileHeight)，用于创建一个新的TiledLayer对象。其中，columns代表TiledLayer对象的宽度，用基本单元的个数来表示；rows代表TiledLayer对象的高度，也是用基本单元的个数来表示；image用来创建静态的平铺填充的图块（tile）集合；tileWidth是每一个图块的宽度，用像素表示；tileHeight是每一个图块的高度，用像素表示。

TiledLayer同时也提供了针对图块以及图块中基本单元的一些处理方法，具体可参考官方文档。

4.3.5 LayerManager

Game API中对于Layer的管理也给出了规范。LayerManager的定义是：public class LayerManager extends Object。

LayerManager负责对一系列的Layer进行管理。LayerManager简化了Layer的渲染过程，具体方式是自动根据合适的顺序将每个Layer呈现到正确的区域。LayerManager维护了一个Layer的顺序列表，可以追加、插入或删除Layer。实际上LayerManager管理的是Sprite和TiledLayer对象。

LayerManage提供了一些措施来控制游戏的Layer如何在屏幕上渲染。视图窗口（View Window）用来控制用户可见区域的尺寸大小，而且这个窗口的位置与LayerManager的坐标系统相关，如果改变视图窗口的位置能够造成卷动或者摇晃镜头的效果。例如，如果想要向右卷动时，只需简单的将视图窗口的位置向右移动即可。视图窗口的尺寸决定了用户可见区域的大小，这个尺寸一般是固定的，并且适合屏幕的尺寸。

LayerManager提供了Append、Insert、Remove等方法对Layer进行追加、插入、删除操作，并且提供setViewWindow方法来对视图窗口的尺寸进行设置。

4.4 网络编程

对于Java ME平台的移动终端设备来说，最大的魅力在于能够随时随地接入无线网络与外部世界进行通信，如果设备不能在网络上使用，其功用自然不值一提。由于移动终端设备具有内存小，处理器能力有限的特点，联网的开销就不容忽视了，因此需要采取一种合理的联网解决方案，为该类型的硬件提供网络支持，即为CLDC设计一套网络解决方案。

在Java SE版本中定义了一个基础联网结构，在java.net包中实现，但是java.net包比较庞大，对于CLDC设备来说内存无法支持如此大的API，因此CLDC 的通用连接框架（Generic Connection Framework，GCF）在javax.microedition.io中实现了联网所需的API，下面将对该框架进行介绍。

4.4.1 通用连接框架介绍

通用连接框架在Java ME平台中扮演着一个非常重要的角色，由于移动设备的硬件资源受限特性，所以java.net 不适合在这里使用。MIDP为CLDC设计了一套联网解决方案，在javax.microedition.io包中，包中的接口和类共同构成了通用连接框架（GCF），为移动终端设备通信提供了更加简单和统一的接口。

在该包中，最重要的CommConnection接口和Connector类，下面对它们进行简要的介绍，便于读者在阅读后面的章节之前有一个整体的认识。

1. CommConnection

CommConnection接口的定义是：public interface CommConnection extends StreamConnection。

该接口定义了一个逻辑串行端口连接，一个逻辑串行端口被定义为字节是按串行方式传输的一个逻辑连接，一个逻辑串行端口是在操作系统级别下定义的，并不是指一个物理的RS-232的串行端口。

一个通信端口通过通用连接框架的字符串加上显式的端口标识符，以及一些嵌入的配置参数来访问，这些参数通过分号隔开。在一个特定时间内，只有一个应用和一个特定的串行端口连接，如果在一个连接被打开的情况下调用Connector.open()方法，会抛出java.io.IOException异常。

开发人员需要使用统一资源标识符（URI）来打开这个连接，URI的格式是：comm:<port identifier>[<optional parameters>]（在RFC 2396中定义）。第一个参数必须是一个端口标识符，即逻辑设备名称，这些标识符大多与特定设备相关，因此在使用时要引起注意。

关于某一特定设备的有效标识符及操作系统可以通过System.getProperty()方法查询获得，参数是“microedition.commports”，方法会返回一个用逗号隔开的端口列表，需要打开一个串行端口连接时可以通过加上comm:前缀来作为URI字符串。

在CommConnection接口中只定义了两个方法：getBaudRate()和setBaudRate()。分别用来获取及设置串行端口连接的波特率。

下面给出两个简单的例子，例子一用来说明CommConnection如何用来访问一个简单的回环程序。

```
CommConnection cc = (CommConnection)
Connector.open("comm:com0;baudrate=19200");
int baudrate = cc.getBaudRate();
InputStream is  = cc.openInputStream();
OutputStream os = cc.openOutputStream();
int ch = 0;
while(ch != 'Z') {
    os.write(ch);
    ch = is.read();
    ch++;
}
is.close();
os.close();
cc.close();
```

例子二会展示CommConnection如何被用来发现可用的通信端口。

```
String port1;
String ports = System.getProperty("microedition.commports");
int comma = ports.indexOf(',');
if (comma > 0) {
    /**
    * 从可用端口列表中解析第一个端口
    */
    port1 = ports.substring(0, comma);
} else {
    /**
    * 只有一个串行端口可用
    */
    port1 =ports;
}
```

2. Connector

Connector类的定义是：public class Connector extends Object。

Connector类是创建连接对象的工厂类，连接的创建是通过动态查找一个协议的实现类，它的名字是由平台的名称（从系统属性中读到）和请求连接协议的名称（由应用程序员提供的参数字符串中提取出来）形成的。描述目标的参数字符串应当遵守RFC 2396中定义的URL格式，即下面格式：

{scheme}:[{target}][{parms}]

{scheme}是协议的名称，如http；{target}通常是一个网络地址；{parms}有一系列的等式形成，格式是："；x=y"，比如"；type=a"。

打开连接的函数是open函数，它有一个必选的参数，根据字符串创建网络连接。有两个可选的参数。

下面是open函数的三个定义：

static Connection open(String name);

static Connection open(String name, int mode);

static Connection open(String name, int mode, Boolean timeouts)。

可选参数moole可以在open函数中指定，这是一个用来指示协议处理器调用代码意图的模式标记，这里的选项指定了连接是否为可读、可写、或者二者均可，这些标记设置的有效性取决于协议。例如，一个打印机连接不允许读访问，将会抛出一个IllegalArgumentException异常，如果模式参数没有指定，则默认使用读写。

第三个可选参数是一个布尔类型的标记，该标记指示调用代码是否能够处理超时异常。如果该标记被设置，则协议的实现会在检测到超时情况时抛出InterruptedIOException异常，该标记对协议处理器来说只是一个示意，它不能保证是否一定会抛出。如果该标记没被设置，则不会抛出超时异常。

3. GCF 的使用

GCF 的使用非常简单，如上面的介绍所说，只需简单地调用Connector的open()方法。要做的就是提供一个标准的URL 参数传递给open 方法，例如为了得到一个http连接，可以使用下面的代码：

```
String url = "http://wap.pku.edu.cn";
HttpConnection httpConn = (HttpConnection)Connector.open(url)。
```

通过以上对Connector类的讲解及CommConnection接口的介绍，应该清楚GCF的使用，针对不同的网络通信方式，要做的就是写出不同的URL，并通过强制转换得到需要的连接类型。

4.4.2 HTTP连接

在MIDP规范中，所有的移动终端设备均支持HTTP协议和HTTPS协议，因此在该部分涉及两个重要的接口：HttpConnection和HttpsConnection。本节主要介绍HttpConnection接口，并通过一个简单的例子让读者对HTTP连接有一个初步的认识。

1. HttpConnction介绍

HttpConnection的定义是：public interface HttpConnection extends ContentConnection。

HttpConnection接口定义了HTTP连接中必要的一些常量和方法。HTTP是一个基于“请求—响应”的协议，在该协议中请求的参数必须在发送前设置，连接存在于下面的三个状态之一：

- Setup，请求参数在此被设置；
- Connected，请求参数被发送，并且请求方希望得到响应；
- Closed，最终状态，HTTP连接被终止。

下面的方法仅会在Setup状态被调用：

- setRequestMethod；
- setRequestProperty。

从Setup状态到Connected状态的转换会由以下方法触发，一是向服务器发送数据的方法，二是从服务器接收数据的方法。下面的方法会引起从Setup状态到Connected状态的转化。

- openInputStream；
- openDataInputStream；
- getLength；
- getType；
- getEncoding；
- getHeaderField；
- getResponseCode；
- getResponseMessage；
- getHeaderFieldInt；
- getHeaderFieldDate；
- getExpiration；
- getDate；
- getLastModified；
- getHeaderField；
- getHeaderFieldKey。

下面的方法可能会在连接处于Setup状态或Connected状态时被调用。

- close；
- getRequestMethod；
- getRequestProperty；
- getURL；
- getProtocol；
- getHost；
- getFile；
- getRef；
- getPort；
- getQuery。

2. HttpConnection的例子

Connector.open()方法用来打开url连接并且返回一个HttpConnection，HTTP的头信息会被读取并进行处理，如果头信息长度是可用的，则它会被用来读取大量的数据。从HttpConnection打开InputStream开始，会读取每一个字符直到文件结束，如果在此期间发生异常，则连接和流都会关闭，下面是具体的代码。

```
void getViaHttpConnection(String url) throws IOException {
        HttpConnection c = null;
```

```
InputStream is = null;
int rc;
try {
    c = (HttpConnection)Connector.open(url);
/**
 * Getting the response code will open the connection,
 * send the request, and read the HTTP response headers.
 * The headers are stored until requested.
 */
rc = c.getResponseCode();
if (rc != HttpConnection.HTTP_OK) {
    throw new IOException("HTTP response code: " + rc);
}
is = c.openInputStream();
/**
* Get the ContentType
*/
String type = c.getType();
/**
* Get the length and process the data
*/
int len = (int)c.getLength();
if (len > 0) {
    int actual = 0;
    int bytesread = 0 ;
    byte[] data = new byte[len];
    while ((bytesread != len) && (actual != -1)) {
        actual = is.read(data, bytesread, len - bytesread);
        bytesread += actual;
    }
} else {
```

```
                int ch;
                while ((ch = is.read()) != -1) {
                    ...
                }
            }
        } catch (ClassCastException e) {
            throw new IllegalArgumentException("Not an HTTP URL");
        } finally {
            if (is != null)
                is.close();
            if (c != null)
                c.close();
        }
    }
```

4.4.3 Socket 连接

在这部分中主要涉及的两个接口是SocketConnection 和ServerSocketConnection。这两个接口的使用方法和J2SE 中的Socket 和ServerSocket使用方法很相似。本节会对这两个接口进行介绍，并通过简单的例子让读者初步掌握对接口的使用。

1. ServerSocketConnection介绍

ServerSocketConnection接口的定义是：public interface ServerSocketConnection extends StreamConnectionNotifier。

该接口定义了服务器端的socket流连接。服务器端的socket通过使用一般的连接字符串（省去主机名）来访问，例如socket://:79在79号端口上定义了一个入站服务套接字，主机可以通过getLocalAddress方法发现。

acceptAndOpen()方法返回一个SocketConnection实例，除了正常的StreamConnection行为外，SocketConnection还支持访问实时连接的IP终端地址，并且支持访问控制缓存及与特定应用相关的时间延时的套接字选项。

下面给出一个简单的例子来说明ServerSocketConnection的用法，该例子展示一个ServerSocketConnection如何被用来访问一个回环程序。

```
/**
* Create the server listening socket for port 1234
 */
 ServerSocketConnection scn = (ServerSocketConnection)
                              Connector.open("socket://:1234");
 /**
 * Wait for a connection.
 */
 SocketConnection sc = (SocketConnection) scn.acceptAndOpen();
 /**
 *Set application specific hints on the socket.
 */
 sc.setSocketOption(DELAY, 0);
 sc.setSocketOption(LINGER, 0);
 sc.setSocketOption(KEEPALIVE, 0);
 sc.setSocketOption(RCVBUF, 128);
 sc.setSocketOption(SNDBUF, 128);
 /**
 * Get the input stream of the connection.
 */
 DataInputStream is = sc.openDataInputStream();
 /**
 * Get the output stream of the connection.
 */
 DataOutputStream os = sc.openDataOutputStream();
 /**
 * Read the input data.
 */
 String result = is.readUTF();
```

```
/**
*Echo the data back to the sender.
*/
os.writeUTF(result);
/**
* Close everything.
*/
is.close();
os.close();
sc.close();
scn.close();
..
```

2. SocketConnection简介

SocketConnection接口的定义是：public interface SocketConnection extends StreamConnection。

该接口定义了Socket的流连接，一个Socket通过使用一般的连接字符串和一个显式的主机及端口号来访问。其中主机部分既可以是一个全命名的主机名称，也可以是一个IPv4的地址，如socket://host.com:79定义了一个目标套接字，该套接字在host.com的79号端口上。

每一个StreamConnection都提供了Connection对象以及InputStream和OutputStream对象来处理与连接相关联的IO操作，它们都有自己的close()方法。对于支持套接字连接的双工通信系统来说，关闭输入流或者输出流应当关闭连接方，比如，关闭InputStream不会影响OutputStream继续发送数据。

一旦输入或输出流关闭，则只能通过调用Connector.open()方法重新打开，如果试图重新打开流，应用程序会收到一个IOException异常。

下面给出一个简单的例子，仍然是用来访问一个回环程序。

```
SocketConnection sc = (SocketConnection)
                    Connector.open("socket://host.com:79");
 sc.setSocketOption(SocketConnection.LINGER, 5);
 InputStream is  = sc.openInputStream();
 OutputStream os = sc.openOutputStream();
```

```
 os.write("\r\n".getBytes());
int ch = 0;
while(ch != -1) {
    ch = is.read();
 }
 is.close();
 os.close();
 sc.close();
```

4.5 持久化库

MIDP为MIDlet提供了一个持久化保存数据并且在需要的时候取出的机制。这个记录持久化机制是仿照一个简单的面向记录的数据库，被称为记录管理系统。

4.5.1 记录存储介绍

一个记录存储（Record Store）是记录的集合，这些记录是在一个MIDlet多次调用期间保持持久化的记录。记录存储被创建在平台无关的一个位置并且不会暴露给MIDlet。记录存储的名称空间是在MIDlet套件的层次上进行控制的，MIDlet套件里的MIDlet允许创建多个记录存储，只要给它们赋予不同的名字即可。当从平台上移除一个MIDlet套件时，所有与套件中MIDlet关联的记录存储也必须被移除。MIDlet套件中的MIDlet能够直接访问另一个MIDlet的记录存储，MIDP 2.0版本提供的新API允许显示的共享记录存储，前提是MIDlet

在创建记录存储时选择允许访问权限。共享是通过能够在另一个MIDlet套件中命名一个记录存储来实现的，需要在两个MIDlet套件之间定义好认证规则。记录存储的名字是唯一的，由MIDlet套件的名称加上记录存储的名称，MIDlet套件通过应用的描述符中的MIDlet-Vendor和MIDlet-Name属性识别。在记录存储需要共享时访问控制会被定义，在记录存储被打开时，访问控制会被强制执行，这种方式允许以私有方式使用或者与任何其他MIDlet套件共享使用。记录存储的名字是区分大小写的，并且最多可以包含32个Unicode字符，在任意一个给定的MIDlet套件中，每个记录存储的名字必须是唯一的，换句话说，对于一个MIDlet套件中的所有MIDlet，不允许出现两个或以上的记录存储具有同样的名字。然而，一个MIDlet套件中的一个MIDlet可以有一个与在另一个MIDlet套件中的某个MIDlet中名字相同的记录存储，在这种情况下，所有的记录存储仍然是唯一并且分隔的。

在MIDP持久化库API中没有关于锁的操作，记录存储的实现能够确保所有的单个记录存储操作是原子的、同步的并且序列化的，这样就保证了有多个访问请求时不会出现崩溃。然而，如果一个MIDlet使用多线程来获取一个记录存储，那么就由该MIDlet负责协调获取过程，否则会导致意想不到的后果。例如，如果MIDlet两个线程都同时调用RecordStore.setRecord( )方法操纵同一条记录，那么记录存储会合适地串行化这些请求，可能会导致MIDlet出现一些问题。类似的，如果一个平台对记录存储或其他的数据访问进行透明的同步（对用户来说不知道具体过程），那么就由平台负责在MIDlet和同步引擎（Synchronization Engine）之间进行专门的访问控制。

记录存储API为时间/日期时间戳使用long数值类型，格式按照System.currentTimeMillis( )的格式。记录存储会打上时间戳，记录最后被修改的事件；记录存储也会维护一个版本，每次对记录存储的内容进行修改的操作都会引起一个数值的自增操作，用该数值对版本进行记录，这对同步引擎以及应用来说非常有用。

记录存储中的记录都是字节数组，开发人员能够使用DataInputStream、DataOutputStream、ByteArrayInputStream以及ByteArrayOutputStream方法对不同数据类型打包或解包成字节数组。在一个给定的记录存储里，记录会用数值类型的recordId唯一标识，recordId被用作为records的主键，在记录存储中创建的第一条记录的recordId为1，随后记录的recordId会不断进行加1操作，例如，如果有两条记录添加到记录存储中，第一条加入的recordId为n的话，则下条记录的recordId将会是n+1，MIDlet可以通过使用RecordEnumeration类创建其他的索引。

4.5.2 持久化例子

下面的例子使用记录管理系统来存储并且获取一个游戏的高分，在例子中，高分被存储在隔离的记录中，在必要的时候使用RecordEnumeration存储。

```
import javax.microedition.rms.*;
import java.io.DataOutputStream;
import java.io.ByteArrayOutputStream;
import java.io.IOException;
import java.io.ByteArrayInputStream;
import java.io.DataInputStream;
import java.io.EOFException;
/**
 * 该类用于存储并显示游戏高分
 */
public class RMSGameScores
    implements RecordFilter, RecordComparator
{
    /**
     * RecordStore属性用来存储游戏高分
     */
    private RecordStore recordStore = null;
    /**
     * 在过滤时需要用到的玩家名字
     */
    public static String playerNameFilter = null;
    /**
     * RecordFilter接口部分
     */
    public boolean matches(byte[] candidate)throws IllegalArgumentException
    {
   /**
```

```
   * If no filter set, nothing can match it.
   */
if (this.playerNameFilter == null) {
     return false;
}
/**
* 使用ByteArrayInputStream、DataInputStream对记录进行操作
*/
ByteArrayInputStream bais = new ByteArrayInputStream(candidate);
DataInputStream inputStream = new DataInputStream(bais);
String name = null;
try {
     int score = inputStream.readInt();
     name = inputStream.readUTF();
}
catch (EOFException iofe) {
     System.out.println(eofe);
     eofe.printStackTrace();
}
catch (IOException eofe) {
     System.out.println(eofe);
     eofe.printStackTrace();
}
return (this.playerNameFilter.equals(name));
   }
   /**
    * RecordComparator接口部分
    */
public int compare(byte[] rec1, byte[] rec2)
{
/**
```

```
*构造DataInputStreams以从记录中得到分数
*/
ByteArrayInputStream bais1 = new ByteArrayInputStream(rec1);
DataInputStream inputStream1 = new DataInputStream(bais1);
ByteArrayInputStream bais2 = new ByteArrayInputStream(rec2);
DataInputStream inputStream2 = new DataInputStream(bais2);
int score1 = 0;
int score2 = 0;
try {
    /**
     * Extract the scores
     */
     score1 = inputStream1.readInt();
     score2 = inputStream2.readInt();
}
catch (EOFException eofe) {
     System.out.println(eofe);
     eofe.printStackTrace();
}
catch (IOException iofe) {
     System.out.println(eofe);
     eofe.printStackTrace();
}
/**
* Sort by score
*/
if (score1 < score2) {
    return RecordComparator.PRECEDES;
}
else if (score1 > score2) {
       return RecordComparator.FOLLOWS;
```

```
}
else {
    return RecordComparator.EQUIVALENT;
}
  }
  /**
   * 构造函数打开记录存储，在需要获取数据时使用
   */
  public RMSGameScores()
  {
/**
* Create a new record store for this example
*/
try {
    recordStore = RecordStore.openRecordStore("scores", true);
}
catch (RecordStoreException rse) {
    System.out.println(rse);
    rse.printStackTrace();
}
  }
  /**
   * 向记录存储中添加一个新的分数
   * @param score：要存储的分数
   * @param playerName：获得此分数的玩家名字
   */
  public void addScore(int score, String playerName)
  {
        /**
        * Each score is stored in a separate record, formatted with
        * the score, followed by the player name
```

```
        */
        int recId;
    /**
     * returned by addRecord but not used
     */
    ByteArrayOutputStream baos = new ByteArrayOutputStream();
    DataOutputStream outputStream = new DataOutputStream(baos);
    try {
        /**
        * Push the score into a byte array
         */
        outputStream.writeInt(score);
        /**
        * Then push the player name
        */
        outputStream.writeUTF(playerName);
    }
    catch (IOException ioe) {
        System.out.println(ioe);
        ioe.printStackTrace();
    }
    /**
    * Extract the byte array
    */
    byte[] b = baos.toByteArray();
    /**
    * Add it to the record store
    */
    try {
        recId = recordStore.addRecord(b, 0, b.length);
}
```

```
catch (RecordStoreException rse) {
    System.out.println(rse);
    rse.printStackTrace();
}
   }
   /**
   * printScores方法的helper方法
   */
   private void printScoresHelper(RecordEnumeration s)
   {
     try {
     while(re.hasNextElement()) {
          int id = re.nextRecordId();
          ByteArrayInputStream bais=new ByteArrayInputStream(recordStore.
          getRecord(id));
          DataInputStream inputStream = new DataInputStream(bais);
          try {
               int score = inputStream.readInt();
               String playerName = inputStream.readUTF();
               System.out.println(playerName + " = " + score);
          }
          catch (EOFException eofe) {
             System.out.println(eofe);
             eofe.printStackTrace();
          }
          }
 }
       catch (RecordStoreException rse) {
          System.out.println(rse);
          rse.printStackTrace();
       }
```

```
        catch (IOException ioe) {
            System.out.println(ioe);
            ioe.printStackTrace();
}
    }
    /**
     * 该方法打印出所有高分，按排名排序
     */
    public void printScores()
    {
try {
        /**
         * Enumerate the records using the comparator implemented
         * above to sort by game score
         */
        RecordEnumeration re = recordStore.enumerateRecords(null, this, true);
        printScoresHelper(re);
}
catch (RecordStoreException rse) {
        System.out.println(rse);
        rse.printStackTrace();
}
    }
    /**
     * 该方法打印出一个玩家的所有分数，按顺序排出
     */
    public void printScores(String playerName)
    {
        try {
         /**
        * Enumerate the records using the comparator and filter
```

```
        * implemented above to sort by game score
        */
        RecordEnumeration re = recordStore.enumerateRecords(this, this, true);
        printScoresHelper(re);
      }
      catch (RecordStoreException rse) {
        System.out.println(rse);
        rse.printStackTrace();
        }
    }
    public static void main(String[] args)
    {
        RMSGameScores rmsgs = new RMSGameScores();
        rmsgs.addScore(100, "Alice");
        rmsgs.addScore(120, "Bill");
        rmsgs.addScore(80, "Candice");
        rmsgs.addScore(40, "Dean");
        rmsgs.addScore(200, "Ethel");
        rmsgs.addScore(110, "Farnsworth");
        rmsgs.addScore(220, "Farnsworth");
        System.out.println("All scores");
        rmsgs.printScores();
        System.out.println("Farnsworth's scores");
        RMSGameScores.playerNameFilter = "Farnsworth";
        rmsgs.printScores("Farnsworth");
      }
  }
```

4.6 声音输出接口

在MIDP2.0版本中，增强了对声音API的支持。在MIDP1.0版本中，只对声音做了简单的支持，而在2.0版本诞生后，对于声音的支持得到了很大的改进。目前使用MIDP的设备非常普遍，其中既有低端的面向大众的移动电话，也有高端的价格较贵的多媒体智能手机，它们对声音的要求也不同，对于前者只需简单的声音支持即可；而对后者来说，则需要更多的声音或视频支持。除此之外，它们的处理器性能也差异很大。为了适应多种多样配置和性能不同的设备，需要定义一个具有高层抽象并且支持多重可选特性的API，因此制定声音API规范的核心目标就是能够满足范围广泛的应用的需求。因此，在MIDP2.0中，提供了两组API，分别是Mobile Media API（JSP 135），MIDP 2.0 Media API。前者针对具有高层声音选项和多媒体功能的J2ME标准设备，如处理性能强的移动电话、掌上电脑、机顶盒等；后者是多媒体API的一个子集，主要是针对性能较低的大众手机，这类设备的特点是设备资源有限，不能够支持丰富的多媒体应用。下面将为读者介绍MIDP 2.0关于声音的API支持。

4.6.1 MIDP 声音API框架

MIDP推荐的声音的框架系统包含以下三个部分：

- Manager；
- Player（播放器）；
- Control。

Manager是声音资源的高层控制器，应用程序使用Manager向Player发送请求或者向Player查询播放属性、支持的播放文件类型和协议等，与此同时，Manager也包含一个方法来播放简单的音调；Player用来播放多媒体内容；应用程序通过传递一个地址字符串给Manager来获取一个Player对象，Control是一个用来实现Player拥有的所有可能控件的接口，应用程序可以查询Player支持的所有控件，并且控制一个特定的控件，如要求VolumeControl控件控制音量大小。如图4-3所示。

4.6.2 MIDP声音API细节

createPlayer方法是调用声音API的顶层入口方法，它属于Manager类。下面是它的定义：Player Manager.createPlayer(String url)。

上面方法中的参数是一个url，它指定了所使用的协议以及数据内容的位置，格式如下：

<Protocol>:<content location>。

Manager会解析这个url，识别出媒体内容类型并且创建一个Player来处理这些多媒体数据的播放，这个Player会返回给该应用使用。需要注意的是，由createPlayer建立的网络连接遵从通用连接框架的规则和策略。

Player提供了一些通用方法来控制数据流及播放，例如：Player.realize()、Player.prefetch()、Player.start()。

在设计对播放的控制时，需要考虑的一个重要问题就是控制的粒度，究竟什么样的粒度是合适的？这也是该API一个重要特点。每个Player提供了针对特定媒体类型的控制的方法：getControls( )和getControl( )，定义如下所示：

Control[ ].Player.getControls( );

Control Player.getControl(int controlType)。

不同类型的媒体会从它相应的Player中产生不同类型的控件，getControls方法和getControl方法能够针对特定的媒体类型展现出它们的特性。

图4-3　MIDP推荐的声音框架系统

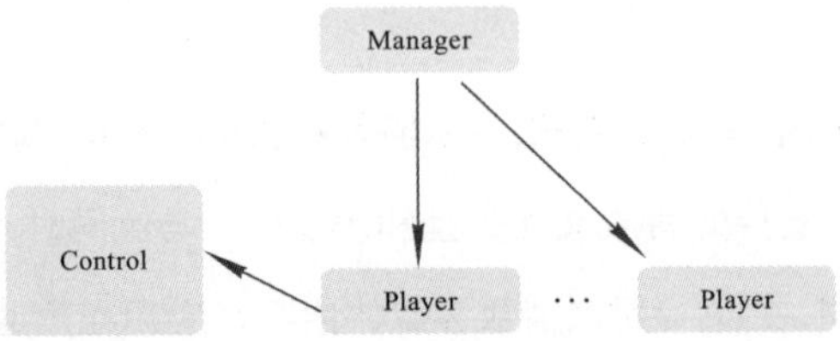

4.6.3 音调生成

对于游戏以及其他的应用程序来说，尤其对于一些非常小的移动设备，音调的生成非常重要，因为它可能是该设备所支持的唯一一种音频播放形式。音调生成的一种最简单的形式就是将其简化为一个单独的蜂鸣器和一些简单的单声道音调。Manager类提供了一个顶层方法来处理这种简单形式的音调生成：

Manager.playTone(int note, int duration, int volume)。

实现上面这个方法就能够直接被映射到设备的音调生成硬件，这样就可以回放音频。除此之外，API还提供了一种方式来创建特定类型的Player来合成音调的顺序：

Player p = Manager.createrPlayer(Manager.TONE_DEVICE_LOCATOR)。

这个Player对象能够提供一种特殊的控件，即ToneControl，能够用来编排音调的顺序，为运行在处理性能较强设备上的比较复杂的程序提供支持。

4.6.4 示例代码

在这一部分将给出一些示例代码，通过介绍四种常见的场景来更好地理解API。

示例4-1 生成单个音调

```
try {
    Manager.playTone(ToneControl.C4, 5000 /* 以ms为单位*/, 100 /* 最大音量 */);
} catch (MediaException e) { }
```

示例4-2 简单循环回放

```
try {
    Player p = Manager.createPlayer("http://webserver/music.wav");
    p.setLoopCount(5);
    p.start();
} catch (IOException ioe) {
} catch (MediaException me) { }
```

示例4-3 回放存储在JAR包中的多媒体

```
try {
    InputStream is = getClass().getResourceAsStream("music.wav");
```

```
        Player p = Manager.createPlayer(is, "audio/X-wav");
        p.start();
    } catch (IOException ioe) {
    } catch (MediaException me) { }
```

示例4-4　生成音调顺序

```
    /**
     * "Mary Had A Little Lamb" has "ABAC" structure.
     * Use block to repeat "A" section.
     */
    byte tempo = 30; // set tempo to 120 bpm
    byte d = 8;      // eighth-note
    byte C4 = ToneControl.C4;
    byte D4 = (byte)(C4 + 2); // a whole step
    byte E4 = (byte)(C4 + 4); // a major third
    byte G4 = (byte)(C4 + 7); // a fifth
    byte rest = ToneControl.SILENCE; // rest
    byte[] mySequence = {
    ToneControl.VERSION, 1,  // version 1
    ToneControl.TEMPO, tempo, // set tempo
    ToneControl.BLOCK_START, 0,  // start define "A" section
    E4,d, D4,d, C4,d, E4,d,      // content of "A" section
    E4,d, E4,d, E4,d, rest,d,
    ToneControl.BLOCK_END, 0,    // end define "A" section
    ToneControl.PLAY_BLOCK, 0,   // play "A" section
    D4,d, D4,d, D4,d, rest,d,    // play "B" section
    E4,d, G4,d, G4,d, rest,d,
    ToneControl.PLAY_BLOCK, 0,   // repeat "A" section
    D4,d, D4,d, E4,d, D4,d, C4,d  // play "C" section
};
try{
    Player p = Manager.createPlayer(Manager.TONE_DEVICE_LOCATOR);
```

```
        p.realize();
        ToneControl c = (ToneControl)p.getControl("ToneControl");
        c.setSequence(mySequence);
        p.start();
    } catch (IOException ioe) {
    } catch (MediaException me) { }
```

4.7 >MIDP事件处理

当用户与一个加载到MID设备中的MIDlet交互时，一些事件会产生。比如，如果用户在文件菜单中选择了Save操作时，应用程序会被通知该事件发生，并且应用程序会响应这个产生的事件。但是当事件产生时应用程序如何被通知? 应用程序如何对事件进行处理? 在前面的MIDP用户界面部分，我们已经知道有两种MIDP用户接口：高层接口和低层接口。因此有两种类型的事件，高层事件（如从list中选择一个item）和低层事件（例如按下设备键盘上的一个键）。本节主要通过例子来讨论如何处理高层和低层事件，下面首先介绍回调函数。

4.7.1 回调函数定义

当用户与一个MIDlet进行交互时会产生一些事件，应用程序会响应并处理这些事件，应用程序通过回调方式获取事件通知。回调是由程序员定义的，是应用程序在响应用户在运行时所采取的动作的方法调用。回调被用在许多编程环境中，特别是在GUI构造包中。例如，抽象的窗口工具包API大量使用回调；当用户与一个组件交互时，接口会回调实际的计算代码来调用相应用户的动作，比如，当用户从一个下拉菜单中选择了一个item时，这个菜单的接口代码将会回调实际的计算代码来从菜单中调用被选中的item。

在一些诸如C、C++的语言中，回调是通过传递一个函数指针给另一个函数来实现的，在某个事件发生时，接收指针参数的函数使用指针调用另一个函数。由于Java语言中没有指针的概念，回调是通过接口来实现的。一个接口定义了一组方法，但是没有像普通类一样给出实现，程序开发人员会在实现了这个接口的类中提供接口中这些方法的行为。

下面是MIDP中的四种用户接口回调类型：

- 抽象Commands接口，是高层API的一部分；
- 低层表示键盘按下或释放的事件；
- 调用Canvas类的paint( )方法；
- 调用Display类的callSerially方法要求调用Runnable对象的run方法。

注意：所有的用户接口回调都是序列化的（serialized），这意味着这些回调不能并行进行，用户接口回调（user interface callback）只有在前一个回调返回时才会调用。另外，MIDP用户接口API是线程安全（thread-safe）的并且包含事件同步的机制，应用程序能够使用Display类的callSerially方法来执行事件的串行操作。

4.7.2 屏幕导航

用户需要一种能够在不同屏幕之间导航的方式，这些屏幕构成了一个MIDlet。javax.microedition.lcdui包提供了Command类，用来解决这个问题，此类在之前的章节中已经提到过。

Command类封装了一个动作（Action）的语义信息，Command本身只包含Command的一些信息，但是当一个Command被激活时并不代表实际真有一个动作发生，动作在与屏幕关联的CommandListener对象中被定义。下面是一个定义Command对象的例子：

Command infoCommand = new Command (” info” , Command.SCREEN, 2)。

在上面的代码中可以看到，Command类的构造函数接收三个参数，分别是：label、type、priority。

- Label是一个字符串，用来做Command的展示界面。例如，label会出现在设备的一个按钮旁边，或者菜单的一个元素中，见图4-4所示。
- Type指定了Command的意图。这些定义的类型有：BACK、CANCEL、EXIT、

HELP、ITEM、OK、SCREEN 和 STOP。

- Priority的值描述了相比较屏幕上的其他Command而言，该Command的重要程度。如果Priority的值为1，则说明该Command的重要程度最高，它的值越高，代表重要程度越低。

当MIDlet执行时，设备会基于Command的类型选择Command的位置，并且将Priority值相近的Command放在一块，下面是具有三个Command的例子：

exitCommand = new Command(“Exit” , Command.SCREEN, 1);

InfoCommand = new Command(“Info” , Command.SCREEN, 2);

buyCommand = new Command(“Buy” , Command.SCREEN, 2);

在这个例子中，应用程序管理器会将Exit command映射到屏幕上，如图4-4所示，创建了一个菜单command来存放Info和Buycommand，单击右侧按钮，下拉菜单，就能看到有两个按钮（Info和Button）的菜单屏幕。

Command类提供了下面三个方法来获取Type，Label和Priority值，在处理事件时，这些信息非常有用：

int getCommandType ( );

String getLabel ( );

int getPriority ( );

4.7.3 处理高层事件

处理高层事件的API是基于监听者模型（Listener Model）的。Screen和Canvas对象对每个Command都有一个监听者（Listener），要想定义一个监听者对象，就必须实现CommandListener接口。你可以使用addCommand方法向一个可显示的对象添加Command，

图4-4 Command 展示界面

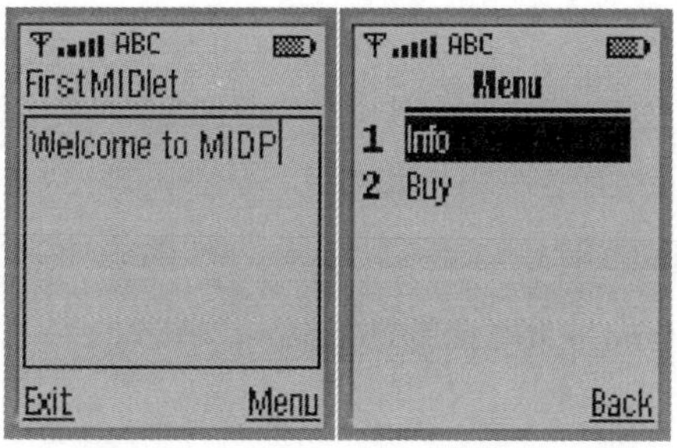

也可以使用setCommandListener方法注册一个监听器，这些方法都是Displayable类的一部分，并且继承自Screen和Canvas。

CommandListener接口是针对需要接受高层事件的MIDlets的，这个接口有一个listener必须实现的方法，即commandAction方法：

public void commandAction (Command c, Displayable d)。

这里的参数c代表一个Command对象，该对象能够识别出已经通过addCommand方法加入到Displayable里的所有Command。参数d代表事件发生处的displayable。

下面是处理高层事件的例子，在该例中，一个Item的list (Item1到Item4) 会被创建，无论哪一个Item被选择时都会调用Prepare方法。testItem#方法中的“#”是代表从1到4的数字，这个方法会调用Prepare并且设置菜单的名字。

```
import javax.microedition.lcdui.*;
import javax.microedition.midlet.*;
public class EventEx1 extends MIDlet implements CommandListener {
    /**
    * display manager
    */
    Display display = null;
    /**
    * a menu with items
    */
    List menu = null; // main menu
    /**
    * textbox
    */
    TextBox input = null;
    /**
    * command
    */
    static final Command backCommand = new Command("Back", Command.BACK, 0);
    static final Command mainMenuCommand = new Command("Main", Command.
SCREEN, 1);
```

```
static final Command exitCommand = new Command("Exit", Command.STOP, 2);
String currentMenu = null;
/**
* constructor.
*/
public EventEx1() {
}
/**
 * Start the MIDlet by creating a list of items and associating the
 * exit command with it.
 */
public void startApp() throws MIDletStateChangeException {
  display = Display.getDisplay(this);
  menu = new List("Menu Items", Choice.IMPLICIT);
  menu.append("Item1", null);
  menu.append("Item2", null);
  menu.append("Item3", null);
  menu.append("Item4", null);
  menu.addCommand(exitCommand);
  menu.setCommandListener(this);
  mainMenu();
}
public void pauseApp() {
 display = null;
 menu = null;
 input = null;
}
public void destroyApp(boolean unconditional) {
  notifyDestroyed();
}
/**
```

```
* main menu
*/
void mainMenu() {
  display.setCurrent(menu);
  currentMenu = "Main";
}
/**
 * a generic method that will be called when selected any of
 * the items on the list.
 */
public void prepare() {
   input = new TextBox("Enter some text: ", "", 5, TextField.ANY);
   input.addCommand(backCommand);
   input.setCommandListener(this);
   input.setString("");
   display.setCurrent(input);
}
/**
 * Test item1.
 */
public void testItem1() {
  prepare();
  currentMenu = "item1";
}
/**
 * Test item2.
 */
public void testItem2() {
   prepare();
   currentMenu = "item2";
}
```

```
  /**
   * Test item3.
   */
  public void testItem3() {
    prepare();
    currentMenu = "item3";
  }
  /**
   * Test item4.
   */
  public void testItem4() {
    prepare();
    currentMenu = "item4";
  }
 /**
  * Handle events.
  */
 public void commandAction(Command c, Displayable d) {
   String label = c.getLabel();
   if (label.equals("Exit")) {
     destroyApp(true);
   } else if (label.equals("Back")) {
      if(currentMenu.equals("item1") || currentMenu.equals("item2") ||
        currentMenu.equals("item3") || currentMenu.equals("item4")) {
       // go back to menu
       mainMenu();
      }
   } else {
     List down = (List)display.getCurrent();
     switch(down.getSelectedIndex()) {
       case 0: testItem1();break;
```

```
            case 1: testItem2();break;
            case 2: testItem3();break;
            case 3: testItem4();break;
          }
        }
      }
    }
```

在上面的代码中，EventEx1类实现了CommandListener接口，它为commandAction方法提供了实现，在这个实现中，Command的Label会被检查，如果Label为Exit，那么该MIDlet就会被销毁，如果等于Back，且当前菜单为Item1至Item4，那么就会返回主菜单，否则选中的Item就会被找到，并且相应的方法会被调用。图4-5是程序运行的截图。

4.7.4 处理低层事件

如果使用Canvas类写一个应用程序来访问低层输入事件或者调用图形库绘制图形到显示屏上，则必须对低层事件进行处理。游戏应用程序更容易使用Canvas类，因为它提供了方法来处理游戏中的活动以及键盘事件，这些键盘事件会被转化为具体的键盘符号，并会将设备的键盘在程序里具体化。

Canvas类是Displayable的子类，运行应用程序为Command注册一个监听器，但是它首先需要一个应用程序对其子类化，不像Screen允许应用程序定义Listener并且将其注册到Screen类中，Canvas类不允许这样做，因为一些新的Listener接口需要为每一种事件创建一个Listener接口。

图4-5 处理高层事件

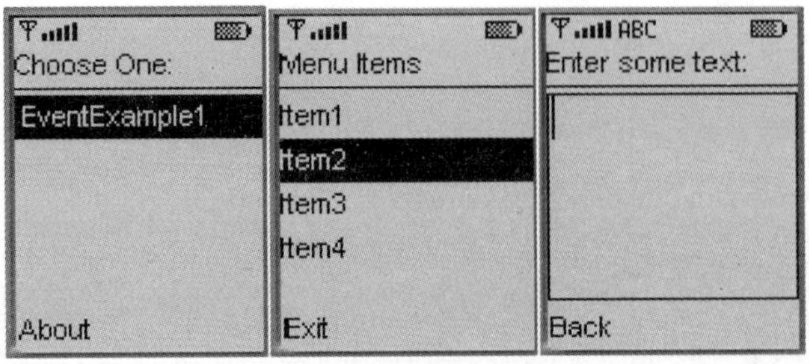

每一个键盘事件产生时，会为产生事件的这个键赋予一个键盘码，MIDP在Canvas类中定义了如下键盘码：

- KEY_NUM0;
- KEY_NUM1;
- KEY_NUM2;
- KEY_NUM3;
- KEY_NUM4;
- KEY_NUM5;
- KEY_NUM6;
- KEY_NUM7;
- KEY_NUM8;
- KEY_NUM9;
- KEY_STAR;
- KEY_POUND。

其实本质上来说，这些键盘码就是0至9、*、#。其他的字符可能在一些设备上存在，但是为了移植性，应用程序应当只用这些标准的键盘码。

下面谈一些关于游戏的事件，如果应用程序需要方向键及游戏相关的事件，那么可以使用游戏动作（Actions）来代替键盘码，MIDP规定了下面这些游戏动作：

- DOWN;
- LEFT;
- RIGHT;
- FIRE;
- GAME_A;
- GAME_B;
- GAME_C;
- GAME_D。

当每一个键盘码映射到一个游戏动作中时，一个游戏动作可以与多个键盘码关联，它们之间的转化使用getKeyCode和getGameAction方法完成。

以下的方法可以用来处理低层事件：

- protected void keyPressed(int keyCode);
- protected void keyReleased(int keyCode);
- protected void keyRepeated(int keyCode);
- protected void pointerPressed(int x, int y);
- protected void pointerDragged(int x, int y);
- protected void pointerReleased(int x, int y);
- protected void showNotify();
- protected void hideNotify();
- protected abstract void paint(Graphics g);
- commandAction() method of the CommandListener interface。

读者可以参阅官方规范文档查看具体用法。

在J2ME中，移动媒体API（Mobile Media API，MMAPI）是一个可选包，它提供了

一个标准的API，可以用来表现和获得以时间为基础的媒体。例如声音轨道和视频片断。MMAPI在Java社区中以JSR-135开发，并且它被设计成灵活的和平台无关的接口，它没有对媒体格式、协议或者对未来不同设备支持的特征作任何假设。MMAPI已经在移动设备上使用，例如，Nokia 3650就包含了一个实现。其他支持MMAPI的设备可以在“J2ME设备”中找到。MMAPI有四个主要的组成部分：

- Player用来播放内容。它提供了方法，用来管理播放器的生命周期和不同的重放特征。
- Manager是媒体的总控制者，它创建播放器。
- DataSource代表一个协议的控制者，它对应用程序开发者通常是不可见的。这个协议管理者读出媒体并放到播放器中进行播放。
- Control控制Player和重放操作的不同特征。

4.8 多媒体类

4.8.1 MMAPI支持的控制操作

MMAPI在javax.microedition.control包中包含了12种控制操作：

MetaDataControl用来从媒体数据中获得元数据信息；

MIDIControl提供对播放器表现和传输设备的访问；

GUIControl代表一个具有用户界面组件的控制操作；

PitchControl升高或降低重放的位置而不改变重放的速度；

RateControl控制重放的速率；

TempoControl控制MIDI歌曲的节奏；

VolumeControl控制音量；

VideoControl控制可视内容的显示；

FramePositioningControl可以对一个视频帧精确定位；

RecordControl记录当前被Player播放的是什么内容；

StopTimeControl使应用程序可以为一个Player预先指定一个停止时间；

ToneControl是一个可以播放用户自定音调序列的接口。

并不是所有的MMAPI实现都支持所有的控制操作类型。可以通过调用System.getProperty(String key)得到一个设备所支持的控制类型。这个规范定义如下属性：

microedition.media.version返回一个代表MMAPI实现版本的字符串。如果当前设备支持MMAPI，返回"1.0"或者"1.1"，反之，则返回"null"。

supports.mixing如果支持混频则返回true，否则返回false。

supports.audio.capture如果支持音频记录就返回true，否则返回false。

supports.video.capture如果支持视频记录就返回true，否则返回false。

supports.recording如果支持录制就返回true，否则返回false。

audio.encodings返回一个代表所支持的音频格式的字符串，如果不支持音频内容则返回"null"。

video.encodings返回一个代表所支持的视频格式的字符串，如果不支持视频内容则返回"null"。

video.snapshot.encodings返回一个代表所支持的图像格式的字符串，如果不支持视频快照则返回"null"。

streamable.contents返回一个代表所支持的流媒体内容类型的字符串，以MIME语法。

除了被System.getProperty()支持的属性外，Manager类还提供了几个有用的静态方法：

String[] getSupportedContentTypes(String protocol)传入一个协议如"http"作为参数，返回这个协议所支持的内容类型。

String[] getSupportedProtocols(String contentType)传入一个以MIME语法的内容类型如"video/mpeg"，返回可以用来传递这种类型的协议。

4.8.2 MMAPI1.1

MMAPI1.1是MMAPI1.0的延续和更新。它主要修改了文档问题，增加了一些新的定义，并且修订了和MIDP2.0安全框架相关联的文档。它没有对类、接口以及方法定义做任何修改。

MMAPI没有定义它自己的安全框架，但是MMAPI实现从属于潜在的Profile和Configuration所提供的安全框架。如果调用者缺乏合适的安全许可，一些MMAPI方法被定义抛出一个SecurityException。因此，一个MMAPI实现必须保证：当调用者没有合适的权限而执行MMAPI实现中的方法时，要抛出SecurityException。

当被授予合适的权限后，其中的方法可能会用到。

MMAPI的安全问题涉及录制、网络访问和本地数据存储访问。录制关系到用户的私有权；应用程序可能默默地访问录制功能，录制和分发私人会话。另外，安全实践必须可以在适当的位置访问远程和本地资源。为了获得访问录制功能、网络和本地数据存储的权限，一个MMAPI实现必须获得实现制定的合适的权限。

4.8.3 MMAPI MIDlet

还有一些MMAPI的Demo。一个特别用户的Demo是Pausing Audio Test，它是Mmademo工程的一部分，它展示了一个良好开发的MMAPI MIDlet应该如何运转。例如，我们必须清楚MIDlets可能会被一些事件中止，如一个来电。当MIDlet中止时，它们应该释放比较重要的设备资源，当MIDlet恢复时，再重新分配或启动那些资源。当一个MIDlet中止时，任何播放器都应该停止。

本章小结

本章详细介绍了 MIDP 应用编程中的概念、模型和方法。本章在详细阐述 MIDP 应用编程之前，先介绍了 MIDP 应用程序模型，给出了 MIDlet、MIDlet 生命周期的概念，方便读者对 MIDP 应用程序的完整生命周期有一个整体认识。

本章阐述了如何使用 MIDP 提供的编程接口开发移动多媒体应用程序。主要有以下几方面内容：

（1）通过对高层用户界面接口和底层用户界面接口的介绍分析了 MIDP 用户界面编程的方法，其中底层用户界面接口能对设备进行精确的控制，这一点在应用开发中需要充分注意。

（2）MIDP 为游戏应用开发提供了一系列的接口，其最大的设计特点是允许开发人员更多地使用本地代码、硬件加速，以便在有限的硬件资源里获得更好的游戏效果。

（3）MIDP 网络编程部分对通用连接框架进行了介绍，它为移动终端设备通信提供了更加简单和统一的接口，并且分别对 HTTP 连接和 Socket 连接进行了介绍。

（4）MIDP2.0 提供的持久化库相对其他部分比较独立，本章通过一个实例对持久化库的使用做了较为详细的介绍。

（5）本章较为详细地介绍了 MIDP 事件处理的机制，MIDP 事件包括高层事件和低层事件，分别有不同的处理方式，此部分与用户界面编程、游戏编程有结合的地方，通过一个事件处理的例子让读者对事件处理的机制有一定了解。

（6）最后是 MIDP 声音输出接口和多媒体类，本章对这两部分的 API 进行了讲解，并通过实际的例子进行演示，读者可以尝试使用本章中的代码进行实验。

读者通过对本章的学习应能较好理解 MIDP2.0 规范的出发点及设计原则，并且对 MIDP 编程规范有一个整体的了解，能够应用 MIDP 提供的编程接口实现一些简单的应用。

习题

1. MIDP 的定义是什么？MIDlet 套件包含哪些元素？
2. MIDP 生命周期包含哪几个状态？状态之间如何转换？
3. MIDP 用户界面类的层次结构是什么样的？哪些属于高层用户界面，哪些属于低层用户界面？
4. MIDP 推荐的声音框架系统包含哪几个部分，简单描述每个部分。
5. 简单叙述 MIDP 事件处理机制。

第五章

移动音视频播放器的实现

有了前几章介绍的基础知识，本章将介绍Java ME多媒体框架，然后介绍如何系统地利用Java ME中MIDP标准类库来开发移动音视频播放器。

5.1 Java ME多媒体开发框架概述

Mobile Media API（以下简称MMAPI）是由JCP（Java Community Process）定义的用于Java ME中处理多媒体的API集合。由于其目标是能够支持多种传输协议（Protocol）和多媒体格式（Format），而支持Java ME的硬件设备有很多，从只支持简单音调（Tone）的手机到具有高级音视频播放功能的PDA，这就要求Java ME规范中设计一套规范化的、可扩充的播放和录制音频视频的结构，即Mobile Media API。

Java ME移动多媒体API框架中，将多媒体处理过程分为两部分，即对传输协议的处理过程和对数据内容的处理过程。下面将详细介绍这两部分。

1．对多媒体数据传输协议的处理过程

对多媒体数据传输协议的处理过程是指从数据源（如一个文件、一个摄像头输入设备或一个流媒体服务器）上读取媒体数据内容后，将其传送到媒体数据内容处理环节的过程。在这一过程中，不仅要从数据源中读取多媒体数据的内容，还要负责与数据源之间的网络传输协议的解析处理，如接收HTTP、FTP、RTP网络协议传输数据。

在MMAPI中，定义Data Source抽象类来封装读取数据源以及媒体数据传输协议的处理过程。一个Data Source对象知道如何从原始位置读取媒体数据并传送给媒体数据处理对象（Player对象）进行处理。javax.microedition.media.protocol.DataSource是MMAPI中所有Data source类的抽象父类。

2．对多媒体数据内容的处理过程

对多媒体数据内容的处理过程包括解析（Parsing）、解码（Decoding）多媒体内容以及传送（Rending）到指定的输出装置（扬声器、显示屏等）缓冲区中。

在MMAPI中定义了Player接口处理多媒体数据。一个Player对象是javax.microedition.

media.Player接口的一个实现实例，它从Data Source实例对象中读取多媒体数据、对该数据进行解析和解码处理，然后识别出指定的媒体输出设备，将媒体数据传送到输出装置缓冲区。Player接口中定义了一系列方法去控制多媒体的重放和同步。

MMAPI的整体架构如图5-1所示，其中Manager是一个静态的工厂类，它负责根据DataSource类型创建一个对应的Player，而Player则负责解析和处理媒体数据，将结果输出到对应输出设备，同时提供各种控制功能。

下一节将逐步介绍如何利用MMAPI设计来实现一个多媒体播放器。

图5-1　MMAPI的整体架构

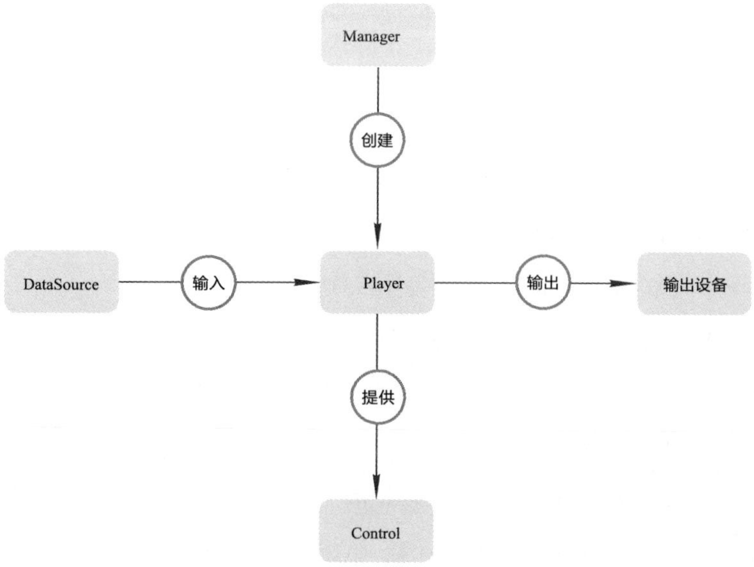

5.2 音频播放器的开发

5.2.1 音频播放器的功能说明

作为一款手机上应用的音频播放器，需要实现以下功能。

- 实现播放的控制功能，包括暂停、开启、停止等。
- 可以选择要播放的文件，包括本地文件和访问网络文件。
- 音乐播放控制功能，包括：
  - 音量控制：音量大小调节、静音开启/关闭等。
  - 播放进度条显示。
- 能显示出播放器所支持的媒体格式列表。

5.2.2 音频播放器的结构设计

根据前面的功能说明，可将音乐播放器程序定义为以下5个类：

- MediaPlayerMIDlet类。该类为整个程序的入口，在MediaPlayerMIDlet类中创建播放器界面类以及创建播放类Player。
- PanelForm类。播放界面类，该类是程序的显示界面类。
- Player类。播放类，具体负责播放对象的类。
- VolumeSetting类。音量控制类，实现对播放过程的音量控制。
- DeviceSupportMIDlet类。显示本设备支持的媒体格式列表。

以上定义的5个类中，PanelForm类属于GUI类，第4章已经做过详细介绍，下面将介绍在音频播放器程序中使用的Java ME多媒体框架，然后再介绍本程序中的其他几个类的实现。

5.2.3　音频播放器源码实现

首先看一个简单的用于播放音频文件的媒体播放器，它实现对一个预定的音频文件播放，并提供在播放时的暂停（重新开始）和退出（停止）的控制功能，其运行结果如图5-2所示。

1．播放控制

如图5-2所示，音频播放器界面提供了播放、暂停、退出等播放控制，对应的代码示例如下。

（1）播放控制命令相应的核心代码

为了控制播放过程，在音频媒体播放器界面中提供了控制按钮。通过命令执行回调函数（Commonaction）来捕捉用户命令进行相应的处理。示例5-1是播放控制中命令响应的核心代码。

示例5-1　播放控制功能代码

```
/**
* 定义控制命令
*/
private Command stopCommand;
private Command pauseCommand;
private Command startCommand;
/**
```

图5-2　音频播放器运行界面

```
* 创建停止、暂停和重启命令
*/
stopCommand = new Command("退出", Command.EXIT, 1);
pauseCommand = new Command("暂停", Command.ITEM, 1);
startCommand = new Command("开始", Command.ITEM, 1);
public void commandAction(Command comm, Displayable disp) {
try {
        if (comm == stopCommand) {
          MPlayer.close(); //关闭媒体播放器
          notifyDestroyed(); //退出当前应用程序
        }
        else if (comm == pauseCommand) {
          MPlayer.stop(); //暂停媒体播放
          /**
          * 将“暂停”按钮换成“开始”按钮
          */
          form.removeCommand(pauseCommand);
          form.addCommand(startCommand);
        }
        else if (comm == startCommand) {
          MPlayer.start(); //从上次的暂停点重启媒体播放
          /**
          * 将“开始”按钮换成“暂停”按钮
          */
          form.removeCommand(startCommand);
          form.addCommand(pauseCommand);
        }
      }
      catch (Exception e) {
        System.err.println(e);
      }
```

}

（2）开始播放

下面的代码实现了播放一个基于HTTP协议的网络音频格式文件，如果希望播放其他协议或格式的文件，只需要修改代码中的：

Manager.createPlayer("http://java.sun.com/products/java-media/mma/media/test-wav.wav");

例如播放一个本地的音频文件test.wav，此时将该部分代码改为下面的形式即可：

Manager.createPlayer(getClass().getResourceAsStream("test-wav.wav"), "audio/x-wav");

除了WAV媒体格式的文件之外，还可以尝试播放其他格式的音频文件，例如mp3、wma、amr等，只需要将createPlayer方法的第二个参数“audio/x-wav”修改成对应的文件格式。下面的代码是创建一个播放mp3的播放器：

Manager.createPlayer(getClass().getResourceAsStream("yxdcb.mp3"), "audio/mpeg");

如果要播放视频文件，也很简单，只需要在函数playMedia()最后添加下面的几行代码：

```
VideoControl vc = null;
if((vc = (VideoControl)MPlayer.getControl("VideoControl")) != null) {
    Item videoDisp =(Item)vc.initDisplayMode(vc.USE_GUI_PRIMITIVE, null);
    form.append(videoDisp);
}
```

新添加的几行代码并不会影响对音频文件的播放，因为对于播放音频文件的播放器，getControl("VideoControl"))的返回值是null。

在尝试播放其他协议或格式的媒体文件时，程序可能无法正常运行，并抛出MediaException异常，这主要是由于所选的移动设备不支持该媒体的协议或格式。

示例5-2　开始播放代码

```
/**
*创建媒体播放器并启动对选中文件的播放
*/
private void playMedia() throws Exception {
    /**
    * 创建媒体播放器
    */
    MPlayer = Manager.createPlayer("http://java.sun.com/products/java-media/
```

```
mma/media/test-wav.wav");
    MPlayer.addPlayerListener(this);//添加监听器
    MPlayer.setLoopCount(-1); //反复播放
    MPlayer.realize(); //获取媒体相关数据
    MPlayer.prefetch(); //预取媒体数据
    MPlayer.start(); //启动媒体播放器
}
```

示例5-3 停止播放代码

```
public void stop( ){
    if ( player!=null &&player.getState( ) == Player. STARTED){
        try {
        p.stop( );
        } catch (MediaException e)
            System.out.println(e);
    }
}
```

5.3 视频播放器的开发

5.3.1 视频播放器的功能说明

作为一款手机上应用的视频播放器程序，需要实现以下功能。

- 实现播放的控制功能，包括暂停、开启、停止等。

- 可以选择要播放的文件，包括本地文件和访问网络文件。
- 音乐播放控制功能，包括:
  - 音量控制，音量大小调节、静音开启/关闭等。
  - 播放进度条显示。
- 能显示出播放器所支持的媒体格式列表。

5.3.2 视频播放器的结构设计

根据前面的功能说明，将视频播放器程序定义为6个类，其结构设计如图5-3所示。

- VideoPlayer类。该类为整个程序的入口，在VideoPlayerMIDlet类中创建播放器界面类以及创建播放类Player。
- VideoCanvas类。播放界面类，该类是程序的显示界面类。
- Player类。播放类，具体负责播放对象的类。
- VideoControl类。播放控制类，实现对播放过程的控制。
- VolumeControl类。音量控制类，实现对播放过程的音量控制。
- DeviceSupportMIDlet类。显示本设备支持的媒体格式列表。

以上定义的6个类中，VideoCanvas类属于GUI类，第4章已经做过详细介绍，下面介绍本程序中的其他几个类的实现。

图5-3 视频播放器的结构设计

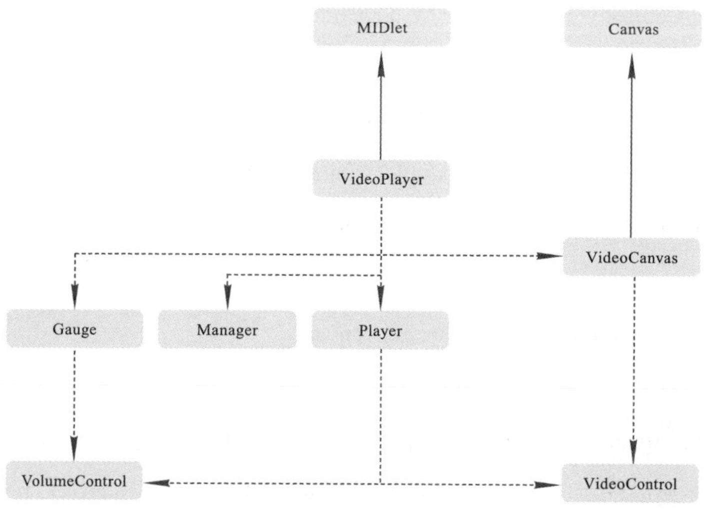

5.3.3 视频媒体播放器源码实现

1. 选择播放的文件

示例5-4是从本地文件中读入视频文件的代码。

示例5-4 选择播放的文件

```
private Player MPlayer;//媒体播放器
/**
* 创建媒体播放器
*/
MPlayer = Manager.createPlayer(getClass().getResourceAsStream("video.mpg"),
"video/ mpeg " ) ;
```

2. 初始化播放

示例5-5是初始化播放的代码。

示例5-5 初始化播放代码

```
    MPlayer.addPlayerListener(this);//添加监听器
    MPlayer.setLoopCount(-1); //反复播放
    MPlayer.realize(); //获取媒体相关数据
    MPlayer.prefetch();//预取媒体数据
    MPlayer.start(); //启动媒体播放器
    VideoControl videoControl = (VideoControl) MPlayer.getControl ("VideoControl");
    if (videoControl != null) {
      VolumeControl volControl = (VolumeControl) MPlayer.getControl ("VolumeControl");
      canvas = new VideoCanvas(videoControl, volControl);
      canvas.init(this, MPlayer, "Video Player");
    }
    Display.getDisplay(this).setCurrent(canvas);
  }
```

从使用Manager.createPlayer()创建一个播放器开始，一直到停止播放，播放器通常会经历5个不同的状态：UNREALIZED、REALIZED、PREFETCHED、STARTED、

CLOSED。

当一个播放器被创建之后，会首先处于UNREALIZED状态。而当播放器处于UNREALIZED状态时，由于缺乏资源数据，很多操作都是不允许的（会导致程序异常），例如getContentType、getTimeBase、setTimeBase、setMediaTime、getControls、getControl。

通过调用realize()函数，可以将播放器的状态转换到REALIZED状态。在这个转换过程中，播放器需要通过与服务器进行交互、读取文件或与其他一些对象进行交互，从而了解要获取媒体数据所需的所有信息，realize()通常是一个比较耗时的过程。

为了保证多媒体播放的流畅性，当处于REALIZED状态，已经知道如何去获取媒体时，还不能直接开始播放，而需要预先将部分媒体数据读到内存中，这也就是prefetch()函数的功能。当获取了足够多的媒体数据后，会进入PREFETCHED状态，这时才能调用start()函数开始播放媒体数据，并切换到STARTED状态。

在媒体播放的过程中，除了可以通过调用stop()函数使播放器返回到PREFETCHED状态之外，当多媒体数据播放结束，或播放到指定时间时，播放器也会自动转入PREFETCHED状态。

播放器创建之后，不论是处在UNREALIZED、REALIZED、PREFETCHED或STARTED中的哪一个状态，都可以直接调用close()函数关闭播放器，但播放器进入CLOSED状态后不能再次使用它。Player对象的状态转换如图5-4所示。

3．播放控制面板

播放控制面板是一个底层图形用户界面类Canvas的实例，在视频播放器初始化时需要指定播放的显示组件，播放控制面板是整个视频播放器的核心，提供了播放控制的功能。

图5-4　Player对象状态转换图

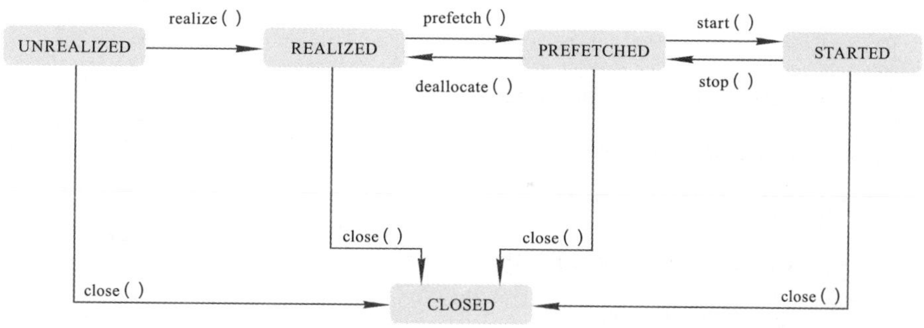

示例5-6 播放屏幕控制代码

```
private final Command backCommand = new Command("后退", Command.BACK, 1);
private final Command pauseCommand = new Command("暂停", Command.ITEM, 2);
private final Command resumeCommand = new Command("继续", Command.ITEM, 2);
private final Command volumeCommand = new Command("音量", Command.ITEM, 2);
private final Command muteCommand = new Command("静音", Command.ITEM, 2);
private final Command unmuteCommand = new Command("取消静音", Command.
ITEM, 2);
private final Command fullScreenCommand = new Command("全屏", Command.
ITEM, 2);
private final Command normalScreenCommand = new Command("退出全屏", Command.
ITEM, 2);
public void commandAction(Command c, Displayable d) {
    try {
        if (c == backCommand) {
            timer.cancel();
            parent.exit();
        }
        else if (c == pauseCommand) {
            player.stop();
            bPaused = true;
        }
        else if (c == resumeCommand) {
            player.start();
            bPaused = false;
        }
        else if (c == volumeCommand) {
            parent.showVolumeForm();
        }
        else if( c == muteCommand){
            if( volControl!=null){
```

```
                volControl.setMute(true);
                bMuted = true;
            }
        }
        else if( c == unmuteCommand){
            if(volControl!=null){
                volControl.setMute(false);
                bMuted = false;
            }
        }
        else if( c == fullScreenCommand ){
            videoControl.setDisplayFullScreen(true);
            repaint();
            bFullScreen = true;
        }
        else if( c == normalScreenCommand ){
            videoControl.setDisplayFullScreen(false);
            repaint();
            bFullScreen = false;
        }
        resetMenu();
    } catch (MediaException me) {
        me.printStackTrace();
    }
}
```

4. 音量控制：VolumeControl

可以通过MMAPI提供VolumeControl接口来控制媒体播放时的音量大小。VolumeControl允许将音量设为0~100之间的任何一个整数等级，0级表示静音，100级表示输出设备的最大音量。可以通过下面的代码将播放器的音量级别设为20：

```
// Player player = Manager.createPlayer(...);
```

```
VolumeControl vc = (VolumeControl)player.getControl("VolumeControl");
vc.setLevel(20);
```

对于音量控制，通常还有一个特殊要求就是暂时静音，虽然可以用上面的方法直接将音量级别设为0，但这样将丢失当前的音量级别。可以用一个临时变量来记录当前的音量级别，从而在取消静音时恢复它，但是VolumeControl提供了一种更直接的方法，可直接通过setMute（ ）来进行静音设置：

```
// Player MPlayer = Manager.createPlayer(...);
VolumeControl vc = (VolumeControl) MPlayer.getControl("VolumeControl");
vc.setMute(true); //设置静音
…
vc.setMute(false);//取消静音，恢复正常
```

示例5-7是视频播放器中进行音量控制的代码。

示例5-7　音量控制代码

```
    VideoControl videoControl = (VideoControl) MPlayer.getControl
("VideoControl");
    if (videoControl != null) {
      VolumeControl volControl = (VolumeControl) MPlayer.getControl
("VolumeControl");
      canvas = new VideoCanvas(videoControl, volControl);
      canvas.init(this, MPlayer, "Video Player");
    }
    Display.getDisplay(this).setCurrent(canvas);
  }
  public void showVolumeForm(){
    if (volForm == null) {
      volForm = new Form("Set Volume");
      volForm.addCommand(backCommand);
      volForm.setCommandListener(this);
      volForm.setItemStateListener(this);
      volControl = (VolumeControl) MPlayer.getControl("VolumeControl");
      if (volControl != null) {
```

```
            gauge = new Gauge("音量", true, 10, volControl.getLevel() / 10);
            stritem = new StringItem("音量：", "");
            itemStateChanged(gauge);
        }
        volForm.append(gauge);
        volForm.append(stritem);
    }
    Display.getDisplay(this).setCurrent(volForm);
}
```

5. 进度控制

MMAPI提供多种控制媒体播放进度的方法：可以通过StopTimeControl接口来控制媒体播放的终止时间，可以通过FramePositioningControl接口来调整视频播放时当前画面（图像帧）的位置，还可以通过Player类的setMediaTime()方法来设置媒体播放的当前时刻。利用这些方法可以实现对媒体进度的各种控制，例如下面的代码可以实现只播放5～15 s的媒体内容：

```
// Player MPlayer = Manager.createPlayer(...);
//static final long SECS_TO_MICROSECS = 1000000L;
MPlayer.setMediaTime(5*SECS_TO_MICROSECS);
StopTimeControl stControl = (StopTimeControl)MPlayer.getControl
(“StopTimeControl”);
stControl.setStopTime(15*SECS_TO_MICROSECS);
```

示例5-8　进度控制代码

```
void drawProgressBar(Graphics g) {
    int y = getHeight() - PROGRESS_BAR_Y_OFFSET;
    int fullWidth = getWidth() - 2*PROGRESS_BAR_X_OFFSET;
    int width = 0;
    width = (int) (fullWidth * player.getMediaTime() / player.getDuration());
    g.setColor(PROGRESS_BAR_COLOR);
    g.drawRect(PROGRESS_BAR_X_OFFSET, y, fullWidth, PROGRESS_
BAR_HEIGHT);
```

```
        g.fillRect(PROGRESS_BAR_X_OFFSET, y, width, PROGRESS_
BAR_HEIGHT);
        drawTime(g);
    }
    void drawMediaTitle(Graphics g) {
        g.setColor(TEXT_COLOR);
        g.drawString(title, 10, 10, Graphics.LEFT | Graphics.TOP);
    }
private String formatTime(long ms) {
        /**
        * format the time in microseconds into (min : sec)
        */
        String min = String.valueOf(ms / 60000000);
        String sec = String.valueOf(ms / 1000000 % 60);
        return (min.length() == 1 ? "0" + min : min)
                + ":"
                + (sec.length() == 1 ? "0" + sec : sec);
    }
    private void drawTime(Graphics g) {
        g.setColor(TEXT_COLOR);
        String timeString = formatTime(player.getMediaTime())
                + " / "
                + formatTime(player.getDuration());
        g.drawString(timeString,
                getWidth() - PROGRESS_BAR_X_OFFSET,
                getHeight() - PROGRESS_BAR_Y_OFFSET - PROGRESS_
BAR_HEIGHT,
                Graphics.RIGHT | Graphics.BOTTOM);
    }
```

6．设备属性查询

目前已经有很多的多媒体格式，例如wav、mp4、wma、rm、rmvb、h264等，而且各种新的媒体格式还在不断出现。此外，多媒体的存储和传输协议也日新月异。各种移动设备的性能差别很大，有的只能支持简单的音调（Tone），而有的则能支持各种最新的音视频文件的播放。通过下面两个函数可以查询某台移动设备所支持媒体格式和协议：

String[] getSupportedContentTypes (String protocol);

String[] getSupportedProtocols (String content_type)。

它们都是Manager类的成员函数。通过设置不同的参数，可以查询设备是否支持某种特定媒体格式或协议。

常见的移动多媒体格式有：

- Wav音频文件: audio/x-wav。
- MP3音频文件: audio/mpeg。
- MIDI音频文件: audio/midi。
- Tone序列: audio/x-tone-seq。
- MPEG视频文件: video/mpeg。
- 3GP视频文件：video/3gp。
- Quicktime视频文件：video/quicktime。

常见的存储和传输协议有本地文件、HTTP和RTP网络流媒体以及实时采集的多媒体。

如果不确定或不知道需要查询的具体媒体格式或协议名称，可以将参数设为null，返回结果将包括设备所支持的所有的多媒体格式或协议。下面示例5-9用来查询设备所支持的所有多媒体格式和协议类型。

示例5-9　设备属性查询代码

```
import javax.microedition.midlet.*;
import javax.microedition.lcdui.*;
import javax.microedition.media.*;
public class DeviceSupportMIDlet extends MIDlet implements CommandListener {
  public void startApp() {
    Form mDeviceInfoForm = new Form("媒体格式和协议列表");
    /**
    * 查询设备所支持的所有多媒体格式
```

```
    */
    String[] contentTypes = Manager.getSupportedContentTypes(null);
    /**
    * 对每种多媒体格式，查询设置所支持的协议类型
    */
    for (int i = 0; i < contentTypes.length; i++) {
      String[] protocols = Manager.getSupportedProtocols(contentTypes[i]);
      for (int j = 0; j < protocols.length; j++) {
        StringItem si = new StringItem(contentTypes[i] + ":", protocols[j]);
        si.setLayout(Item.LAYOUT_NEWLINE_AFTER);
        mDeviceInfoForm.append(si);
      }
    }
    Command exitCommand = new Command("退出", Command.EXIT, 0);
    mDeviceInfoForm.addCommand(exitCommand);
    mDeviceInfoForm.setCommandListener(this);
    Display.getDisplay(this).setCurrent(mDeviceInfoForm);
  }
  public void pauseApp() { }
  public void destroyApp(boolean unconditional) { }
  public void commandAction(Command c, Displayable s) {
    notifyDestroyed();//响应“退出” 命令
  }
}
```

图5-5所示，是在某模拟设备上显示的支持媒体格式列表。

图5-5　某模拟设备上的支持格式查询列表

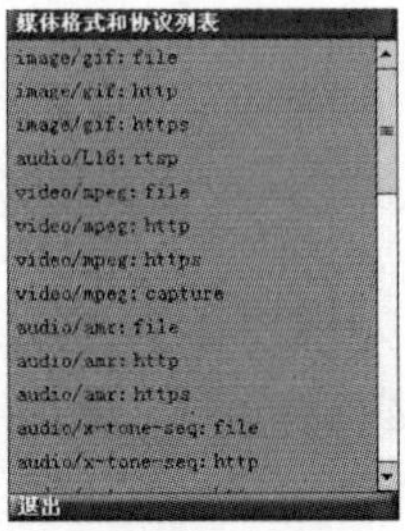

5.3.4 运行结果

运行结果如图5-6、图5-7所示。

本章小结

本章介绍了 J2ME 的多媒体框架，并介绍了如何在移动多媒体应用开发中使用 J2ME MMAPI (Mobile Media API) 提供的各种功能，包括：

- 如何使用 MMAPI 提供的函数来查询某移动设备支持的多媒体格式。
- 如何使用 MMAPI 提供的函数来实现对各种格式的音视频文件的播放和控制。
- 如何设计并实现一个基于 MMAPI 的多媒体播放器。

习题

1. 简单介绍创建 Player 的 3 种不同方式。
2. 实现一个视频播放器，它能从一个媒体列表中选择文件进行播放，并且能播放用户输入的网络媒体文件。
3. 在上一题的基础上实现一个具有播放进度控制功能的视频播放器。

图5-6 运行结果1

图5-7 运行结果2

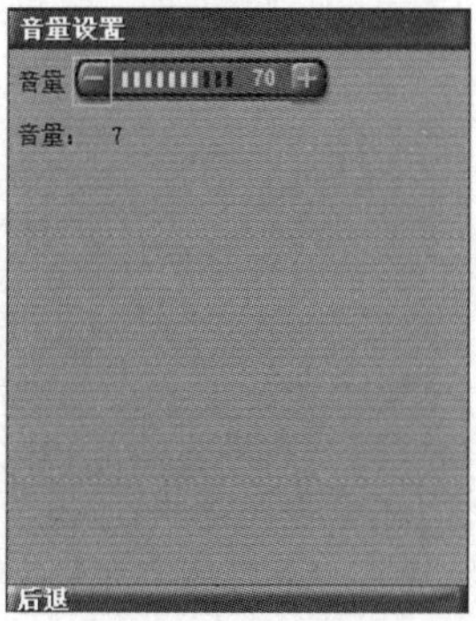

第六章

Android应用开发基础

Android由Google在2007年11月5日公布，早期由Google开发，后由开放手机联盟（Open Handset Alliance）开发。2010年，该联盟成员达到了79家企业。Android是基于Linux内核的开源移动平台，它采用了软件栈（Software Stack）的架构，由操作系统、中间件、图形用户接口和应用软件组成，是为移动终端打造的开放和完整的移动平台。

6.1 Android平台及开发环境

Android平台提供了一个软件开发程序包（Android SDK），该开发程序包提供了在Android平台上开发应用程序所必需的开发工具和应用程序接口（API）。在Android平台上开发应用程序使用的是Java编程语言。

6.1.1 Android平台介绍

1. Android平台的特色

Android平台的主要特色如下：

- 应用程序框架使得组件的重新使用与更换成为可能；
- Dalvik虚拟机为移动设备驱动做了优化；
- 集成的浏览器基于开源的WebKit引擎；
- 优化的图形库特别强大，不仅包括了传统的2D图形库，还包括了基于OpenGL ES 1.0的3D图形库，该3D图形库还可以选择硬件加速；
- SQLite用来作为结构化数据存储；
- 支持的多媒体包括通常的音频、视频和静态图像格式，这些静态图像格式包括MPEG4、H.264、MP3、AAC、AMR、JPG、PNG、GIF等格式；
- 支持GSM电话，当然，这依赖于硬件；
- 支持蓝牙、EDGE、3G和WiFi，当然这些也要依赖于各自相应的硬件；
- 支持照相机、摄像机、GPS、指南针和加速度计，同样地，这些均依赖于各自相应的硬件设备；

- 拥有丰富的开发环境，包括设备模拟器、调试工具、内存及性能分析工具和Eclipse集成开发环境插件。

2. Android SDK支持的操作系统

Android SDK在以下操作系统上皆可运行：

- Windows XP（32位）或Vista（32或64位）；
- Mac OS X 10.5.8版本及以上（只支持x86）；
- Linux（已在Linux Ubuntu Hardy Heron版本上测试过。也支持64位发布版本，但要安装包“ia32-libs”，以支持32位应用程序的运行）。

3. Android SDK支持的开发环境

Android SDK支持的开发环境有以下几个要点：

- Eclipse 3.4（Ganymede）or 3.5（Galileo）；
- Eclipse Java开发工具插件（包含了大部分Eclipse IDE的包）；
- 如果需要安装或者更新Eclipse，可以从网站http://www.eclipse.org/downloads/下载，这里有一些应用于不同平台的Eclipse包，用来开发Android应用程序的通常是Eclipse IDE for Java EE Developers、Eclipse IDE for Java Developers 、Eclipse for RCP/Plug-in Developers 、Eclipse Classic（版本3.5.1及以上）包中的一个；
- JDK 5 或者 JDK 6（单独的JRE是不行的）；
- Android开发工具插件（Android Development Tools Plugin，ADT），可选；
- Apache Ant 1.6.5及以上（Linux和Mac上）、Apache Ant 1.7及以上（Windows上）；
- 不支持Gnu Java编译器（gcj）。

4. 安装Android预期所需空间

安装Android SDK中的各种组件都要占用一定的硬盘空间，表6-1给出了安装Android所需的硬盘空间。

组件类型	预计的大小	是否必须安装
SDK工具包	50MB	需要
Android平台（每一个平台）	150MB	至少安装一个平台
SDK附加（每一个附加）	100MB	可选
Windows 中的USB驱动	10MB	可选，只有Windows需要
示例（每个平台皆有）	10MB	可选
离线文档	250MB	可选

表6-1 安装Android预期所需的硬盘空间

5. Android 2.1平台概述

Android 2.1平台的API级别是7。Android 2.1于2010年1月发布，该版本包括了API变化和Bug修正。对于开发者来说，Android 2.1平台作为Android SDK的组件可以下载获得。该平台包括了一个完整且复杂的Android库、系统图像、模拟器皮肤的集合、示例应用程序和其他内容。当然，这个平台不包括外部的库。该平台的安装要用到Android SDK与AVD管理器（Android SDK and AVD Manager）。

Android 2.1平台包含以下新的功能特点：

- 联系人和账户。多个账户可以被添加到设备中，以完成电子邮件和联系人的同步，包括Exchange账户（制造商可以选择是否支持Exchange）。开发人员可以建立同步适配器，以提供与其他数据源同步的功能。Android的快捷联系人提供了即时获得联系人信息和通信方式的功能，例如用户可以点击一个联系人头像，然后选择通话、短信或电子邮件联系该人，当用户触摸诸如电子邮件、消息和日历等应用程序中的联系人头像或状态图标时，可以打开快捷联系人。
- 电子邮件。支持Exchange；在收件箱中，可以从一个网页浏览多个账户的电子邮件。
- 消息。对所有保存的短信和彩信支持搜索功能。在消息通信中，当消息数量达到一个已经定义的限制时，系统会自动删除最旧的消息。
- 数码相机。内置闪光灯支持、数码变焦、场景模式、白平衡、颜色效果、微距对焦。
- Android的虚拟键盘。采用一种改进的键盘布局，可以更容易地击中正确的字符，提高打字速度。该框架支持多点触摸按键，支持用户同时用两个手指快速打字；带有智能词典，能够记忆词语的使用情况，自动地显示人名以供选择。
- 浏览器。使用浏览器地址栏里的URL刷新用户界面，使用户直接点击就能即时搜索和导航；书签与Web页面缩略图；支持双击缩放；HTML5的支持：数据库API支持；客户端使用SQL数据库；离线应用程序缓存支持；地理位置API支持；提供有关设备位置的信息；在全屏模式下支持视频标签。
- 日历。日程视图提供了无限滚动。
- 媒体框架。改良的图形架构提高了性能，使硬件加速变得更流畅。
- 蓝牙。使用蓝牙2.1；新电信概况：对象推送模式（OPP）和电话簿存取协议（PBAP）。

Android 2.1平台内置的应用程序包括闹钟、浏览器、计算器、数码相机、通讯录、自定义区域设置（开发应用程序）、开发工具（开发应用程序）、电子邮件、输入法、消息、音乐、电话、设置、备件（开发应用程序）。

Android 2.1 中包括的一些模拟器皮肤如下：

- QVGA（240×320，低密度，小屏幕）；
- WQVGA（240×400，密度低，正常屏幕）；
- FWQVGA（240×432，密度低，正常屏幕）；
- HVGA（320×480，中密度，正常屏幕）；
- WVGA800（480×800，高密度，正常屏幕）；
- WVGA854（480×854，高密度，正常屏幕）。

6.1.2 Android系统架构

在Android的系统架构中，最底层是Linux内核；在Linux内核之上是各种库以及Android运行时库；再之上的是应用程序框架；最上面一层为应用程序层。

1. Linux内核层

Android平台基于Linux 2.6内核，在该内核的基础上提供了各种核心系统服务，包括安全、内存管理、进程管理、网络堆栈和驱动模型。Linux内核层也作为硬件和其余软件栈层之间的抽象层，它隐藏各种硬件的细节而为上层的软件栈层提供统一的服务。

2. C/C++库及Android运行时

Android拥有一个C/C++库的集合，是给Android系统的各个组件使用的。这些库能够提供各种各样的功能，这些功能最终都通过Android的应用程序框架（Application Framework）为开发者使用。一些核心库列举如下：

- 系统C库：标准C系统库（Libc）的BSD派生实现，适用于基于Linux的嵌入式设备。
- 媒体库：基于PacketVideo的OpenCORE。这些库支持录音重放和录制流行的各种格式的音频和视频，支持各种静态图像文件，包括MPEG4、H.264、MP3、AAC、AMR、JPG、PNG。
- 界面管理器：对显示子系统的访问和从多个应用程序无缝合成二维和三维图形层都由该界面管理器管理。
- LibWebCore：一个最新的Web浏览器引擎，不仅使 Android 浏览器的功能更加强大，而且使嵌入的Web视图更加美观。

- SGL：最基础的2D图形引擎。
- 3D库：基于OpenGL ES 1.0 应用程序接口的实现。这些库要么使用硬件3D加速（如果有该种技术），要么使用已经内置的高度优化的3D软件光栅。
- FreeType：位图和矢量字体渲染。
- SQLite：一个强大而轻量的关系型数据库引擎，提供给所有应用程序使用。

Android包含一个核心库的集合，它提供在Java编程语言核心类库和Android特定库中可用的大多数功能。

每一个Android应用程序都是在Dalvik虚拟机中运行的实例，拥有自己的进程。Dalvik虚拟机的设计目的是让一个设备可以高效地运行多个虚拟机。Dalvik虚拟机以可执行文件格式.dex运行，dex格式为内存有限的情况做了专门的优化。Dalvik虚拟机是基于寄存器的，它可以运行由Java语言编译器编译的类。Java编译器内嵌了一个工具dx，可以将Java语言编译器编译的类转换成 .dex的格式。

Dalvik虚拟机依赖于Linux内核提供的多种基本功能，包括线程机制和底层内存管理等。

3．应用程序框架层

开发者可以访问相同的框架应用程序接口，通常这些应用程序接口都被核心应用程序使用。应用程序的架构设计目的在于简化组件的重用，任何应用程序都能发布它的功能，而且任何其他应用程序都可以使用这些发布的功能（由框架规定的安全限制必须遵守）。

所有的基础应用程序是一个服务和系统的集合，包括：

- 视图（Views）：一个丰富的、可扩展的视图集合，这个视图集合可用于构建应用程序，包括列表、网格、文本框、按钮，甚至是嵌入的网页浏览器。
- 内容提供者（Content Providers）：使得应用程序能够从其他应用程序（如联系人）访问数据，或者共享本身的数据。
- 资源管理器（Resource Manager）：可以提供访问非代码资源的机制，这些非代码资源包括本地化字符串、图形和布局文件。
- 通知管理器（Notification Manager）：使得所有应用程序能够在状态栏中显示自定义警告成为可能。
- 活动管理器（Activity Manager）：管理应用程序的生命周期，提供通用的后台切换功能。

4. 应用程序层

Android装载有一个核心应用程序的集合，包括电子邮件客户端、SMS程序、日历、地图、浏览器、通讯录和其他应用程序。所有应用程序都是用Java编程语言编写的。

6.2 Android开发流程及工具

6.2.1 应用开发流程

本节将介绍在Eclipse下开发Android应用程序的一般流程，如图6-1所示。

图6-1　Eclipse下应用开发的一般流程

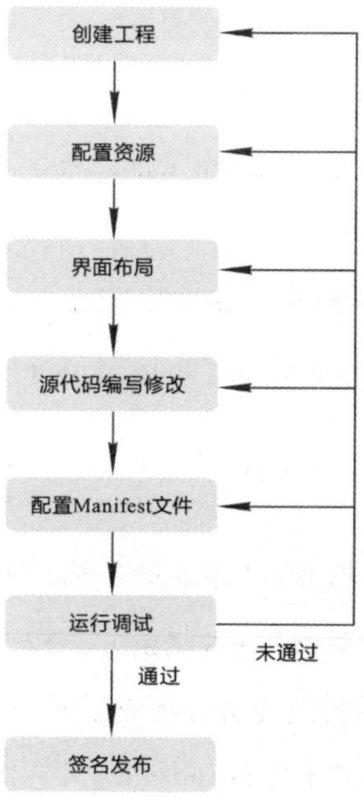

在Eclipse中开发应用程序，第一步，创建工程，步骤为：

- 选择File > New > Project。
- 选择Android > Android Project，并点击Next。
- 在弹出的对话框中填入相应的信息，例如Project name:EX_02_01、Application name:helloExample、Package name:ex.pro.helloExample、Create Activity:EX_02_01，包名必须包含一个点以上，min SDK version里面必须输入整数，同时要选择相应的Build Target。
- 点击Finish。

工程创建完后会建立这些文件和目录，如src/代码文件存放的目录、res/ 资源文件目录、AndroidManifest.xml 应用工程的主配置文件。

第二步，在res资源文件目录下加入相应的资源。例如，在资源目录res中可以看到drawable-hdpi、drawable-ldpi、drawable-mdpi 3个分辨率不同的存放图像的目录，拖动要加入的图像到相应目录，例如drawable-hdpi目录，就可以加入图像资源。

第三步，界面布局。创建工程后，开发软件会自动生成一个布局文件，在res资源文件目录下可以看到一个layout目录，其中就有一个main文件，可以在该文件中利用相关控件完成界面的布局。

第四步，在src源代码文件存放的目录下有.java的文件，可以在里面编写并修改代码，这里不做过多介绍。

第五步，注册。这一步很重要，因为在源代码中的Activity都要在AndroidManifest.xml主配置文件中注册，代码如下所示：

```
<activity android:name=".EX_02_01"
            android:label="@string/app_name">
      <intent-filter>
            <action android:name="android.intent.action.MAIN" />
             <category android:name="android.intent.category.LAUNCHER" />
      </intent-filter>
 </activity>
```

第六步，运行并调试程序。这是一个漫长的过程。前面从第二步开始的每一步都可能出错，所以调试发现问题后都要返回并更改错误。在图6-1中可以看到，“运行调试”步骤都有往上的箭头，指示失败（未通过）后返回相应步骤。

第七步，运行调试成功后签名并发布Android应用程序。Android系统中的应用程序都必须有一个数字证书，用于标识应用程序作者，及在应用程序之间建立信任关系。完成应用程序签名工作后即可发布应用程序。这里不做具体的介绍。

6.2.2 开发工具

Android SDK包括各种定制的工具，帮助开发基于Android平台的移动应用程序。其中最重要的是Android模拟器和嵌入Eclipse中的Android开发工具插件。此外，SDK还包括其他多种工具，用于调试、打包以及模拟器上安装应用程序。

下面简单介绍这些工具。

1. Android开发工具插件（ADT）

ADT插件使Eclipse集成开发环境拥有强大的扩展功能，使创建和调试Android应用程序变得更容易，更快。

2. Android模拟器

基于QEMU的设备仿真工具，在Android实际运行环境中可用于设计、调试和测试Android应用程序。

3. Android虚拟设备（AVD）

在Android模拟器上创建、模拟设备的特性，都要在Android虚拟设备（AVD）上配置。在每个配置中，可以指定要运行的Android平台、硬件选项、模拟器皮肤。作为一个独立的设备，Android虚拟设备（AVD）也会为用户数据、SD卡模拟相关的存储。

4. 层次结构查看器

层次结构查看器允许调试和优化用户接口，它提供了可视化表示的建议。该建议与布局的层次结构以及对与当前显示的像素网格的放大检查有关，这样就可以得到适当的布局。

5. Layoutopt

此工具可以提高效率，快速分析应用程序的布局。

6. Draw 9-patch

Draw 9-patch工具可以使用WYSIWYG（所见即所得）的编辑器，轻松地创建一个NinePatch图形，也可以预览拉伸图像并突出选中的内容。

7. Dalvik调试监视服务（DDMS）

DDMS集成在Dalvik中。Dalvik是Android平台定制的虚拟机，可以管理仿真器上或设备上的进程，可以用它来杀死进程，选择一个特定的进程进行调试，生成跟踪数据，查看堆和线程信息，获得仿真器或设备的截图。

8. Android调试桥（adb）

adb工具可以安装在模拟器或设备上，并从一个命令行访问模拟器或设备，是应用程序的.apk文件，也可以用它来连接一个标准的调试器，调试运行在Android模拟器或设备上的应用程序代码。

9. Android资源打包工具（aapt）

aapt工具建立包含二进制文件和资源的Android应用程序的.apk文件。

10. Android接口描述语言（aidl）

aidl可以为进程之间接口生成代码。

11. sqlite3

这个工具可以访问Android应用程序中创建和使用的SQLite数据文件。

12. Traceview

这个工具能够从Android应用程序的跟踪日志数据产生视图。

13. mksdcard

帮助创建一个磁盘映像，可以使用模拟器来模拟外部存储卡（如SD卡）。

14. dx

dx工具重写.class字节码，转换为Android字节码（存储在.dex格式文件中）。

15. 用户界面/应用程序的Monkey程序

Monkey是一个运行在模拟器或设备上的程序。它在一定条件下将产生用户事件，该条件包括点击、触摸、手势以及系统级事件的伪随机流。可以使用Monkey以随机的可重复方式对正在开发的应用程序进行测试。

16. android

可以管理AVD，并生成Ant构建文件，而构建文件可以用于编译Android应用程序。

17. zipalign

重要的.apk文件优化工具，此工具能够对打包的应用程序进行优化。

6.2.3 模拟器

Android SDK包含一个移动设备模拟器、一个运行在计算机上的虚拟移动设备。模拟器使得无需使用物理设备就可以开发、测试Android应用程序。

Android模拟器除了不能接听电话，对典型移动设备的硬件和软件功能都进行了模拟。模拟器提供了多种导航和控制键，当单击鼠标或键盘时，各种应用程序会产生事件。它还提供了能够与其他Android应用程序同时运行的屏幕。

为了让测试应用程序更加容易，模拟器可以通过Android虚拟设备（AVD）进行配置。通过Android虚拟设备，可以指定运行在模拟器上的Android平台、硬件选项以及模拟器皮肤文件。一旦应用程序在模拟器上运行，它就可以使用Android平台的服务，调用其他应用程序，诸如访问网络、播放音频和视频、存储和检索数据、通知用户等。

模拟器还包括各种调试功能，如通过控制台输出内部日志、模拟应用程序的中断（如到达短信或电话）、模拟延迟造成的影响和数据通道中断。

Android的模拟器是基于QEMU开发的。QEMU是一个有名的开源虚拟机项目，它提供一个虚拟的ARM移动设备，在该虚拟设备上可以运行Android应用程序。它运行一个完整的Android系统堆栈，下至内核层，其中包括一个预安装的应用程序（如拨号）集，使模拟器可以访问应用程序。用户可以通过配置Android虚拟设备选择要运行的Android系统版本，还可以自定义移动设备外观和按键映射。在运行时启动模拟器，可以使用不同的命令和选项来控制其行为。

在SDK中的Android系统映像包含Android底层的Linux内核的ARM机器代码、本地库、Dalvik虚拟机和各种Android程序包文件（如Android框架和预装的应用程序）。模拟器的QEMU层次提供动态的ARM机器代码到OS和开发机器处理器体系结构的二进制转换。

添加自定义的功能到底层QEMU服务，Android模拟器支持在移动设备中的很多硬件功能，包括：

- ARMv5 CPU和相应的内存管理单元（MMU）；
- 16位液晶显示器；
- 一个或多个键盘（一个标准打字键盘和相关的Dpad /电话按钮）；
- 一个带有输出和输入功能的声音芯片；
- 闪存分区（通过开发机器上的磁盘映像文件仿真）；
- 一个GSM调制解调器，包括模拟的SIM卡。

在开发和测试应用程序时，可以把应用程序安装到Android模拟器。既可以从命令行下启动一个模拟器作为一个独立的应用程序，也可以把模拟器作为Eclipse开发环境的一部分。不管哪种情况，都要通过AVD进行配置加载选项和其他的启动选项。

既可以在一个模拟器实例上运行应用程序，也可以启动多个模拟设备运行应用程序。可以通过模拟器的内置命令，在模拟器之间仿真GSM电话或短信。

在命令行下启动模拟器，先要进入SDK的tools/目录，其命令格式如下：

```
emulator -avd <avd_name>
```

这个命令初始化了模拟器并加载一个AVD配置，这时就可以在屏幕上看到模拟器窗口。如果安装了Eclipse并在其下开发，当运行和调试程序时，ADT插件会自动地启动模拟器并安装应用程序。

要使用模拟器，首先必须创建一个或多个AVD配置，在每个配置中指定运行的Android平台、硬件选项和模拟器皮肤。然后，当启动模拟器时，可以加载指定的AVD配置。

每一个AVD作为一个独立设备，拥有自己的用户数据、SD卡等专用存储体。当启动具有AVD配置的模拟器时，它会自动加载用户数据。默认情况下，模拟器的用户数据、SD卡数据和缓存存储在AVD目录下。

模拟器的功能虽然强大，但是也有一定的限制：

- 没有拨打或接听电话的实际支持，然而可以通过模拟器控制台模拟电话呼叫；
- 不支持USB连接；
- 不支持摄像头/视频采集（输入）；
- 不支持设备连接的耳机；

- 不支持真实连接状态；
- 不支持真实电池充电量和AC充电状态；
- 不支持真实的SD卡插入/弹出；
- 不支持蓝牙。

6.3 用户界面基础

6.3.1 事件机制

Android提供了多种方法来侦听程序中与用户交互产生的事件。对于用户界面中产生的事件，侦听方法就是从与用户交互产生的特定视图（View）对象捕获事件。视图（View）类提供了相应的方法。

1．事件监听器

视图（View）类提供了一些回调方法，这些方法在对象相关动作发生时由Android框架调用。例如，当一个视图（比如按钮）通过触摸屏被点击时，onTouchEvent()方法会在这个视图的对象上被调用。为了侦听事件，必须继承视图类并且重写相应方法。然而，为了处理这些事件而让每一个特定视图对象都继承整个视图类是不实用的，这就是为什么视图类同样包含一些带有回调方法的内嵌接口，这些接口也被称为事件监听器（Event Listeners）。

一个事件监听器就是View类中的一个接口，包含了一个回调方法。这些方法会在用户交互动作触发事件监听器所在的视图（View）对象时，由Android框架调用。

事件监听器接口包含了相应的回调方法，如下所示：

- onClick()。位于View.OnClickListener中。当用户通过触摸屏点击对象（触控模式），或者使用方向键或者轨迹球移动到该对象并且按下合适的“确定”按钮时，该方法被调用。

- onLongClick()。位于View.OnLongClickListener中。当用户通过触摸屏长时间按住对象（触控模式），或者使用方向键或者轨迹球移动到该对象并且长按住合适的“确定”按钮时（约1s），该方法被调用。
- onFocusChange()。位于View.OnFocusChangeListener中。当用户使用方向键或者轨迹球移动到该对象或者离开该对象时，该方法被调用。
- onKey()。位于View.OnKeyListener中。当用户使用方向键或者轨迹球移动到该对象并且按下或者松开了某个键后，该方法被调用。
- onTouch()。位于View.OnTouchListener中。当用户执行触控操作时，包括按下、松开或者其他任何屏幕上的动作（在对象范围内）时，该方法被调用。

这些方法在它们各自的接口中是独立的。为了定义上述方法用于事件处理，需要在Activity中实现其内嵌接口或者将其定义为匿名类。然后，将这种实现类的一个实例作为参数传递给视图对象各自的View.set...Listener()方法。例如，实现一个OnClickListener接口的类，建立实例，然后作为setOnClickListener()的参数调用。

下面的例子说明如何为一个按钮注册一个点击监听器。

```
/**
* 创建一个实现OnClickListener接口的匿名类
*/
OnClickListener buttonListener = new OnClickListener() {
    public void onClick(View v) {
    /**
    * 按钮被单击时的操作代码
    */
    }
};
public void onCreate(Bundle savedInstanceState) {
    ...
    /**
    *从界面中获取按钮
    */
```

```
    Button button = (Button)findViewById(R.id.button);
    /**
    * 使用上面实现的实例为按钮注册点击监听器
    */
    button.setOnClickListener(buttonListener);
    ...
}
```

有时将OnClickListener作为Activity的一部分来实现更加方便，且可以避免额外的类载入和对象分配。例如：

```
public class ExampleActivity extends Activity implements OnClickListener {
    public void onCreate(Bundle savedInstanceState) {
    ...
    Button button = (Button)findViewById(R.id.button);
    button.setOnClickListener(this);
    }
    /**
    *实现单击监听器回调方法
    */
    public void onClick(View v) {
    /**
    *按钮被单击时的操作代码
    */
    }
    ...
}
```

注意上述例子中的回调方法onClick()没有返回值，但是有些事件监听器必须返回一个布尔值。这么做的原因因事件而异。以下是一些带返回值的方法：

- onLongClick()。该方法返回的布尔值指出是否已经处理了事件，而不需要继续监听下去。就是说，返回true表示已经处理了长按事件，并且可以停止了；返回false表示还没有处理该事件，而应该继续由别的on-click监听器来处理。
- onKey()。该方法返回的布尔值指出是否已经处理了事件，而不需要继续监听下去。

就是说，返回true表示已经处理了该事件，并且可以停止；返回false表示还没有处理该事件，而应该继续由别的on-key监听器来处理。

- onTouch()。该方法返回的布尔值指出监听器是否已经处理了事件。重要的是，该事件可能有很多个衔接的动作，所以如果在“往下”的动作被接受时，该方法返回false，表明该方法没有处理该事件并且没有兴趣关心该事件的其他后续动作。

按键事件总是被发送到当前焦点的视图（View），这些事件从该视图（View）最上层一层层往下传递，直到抵达正确的目标。如果当前的视图（View）或者该视图（View）的子对象现在是焦点，则该事件通过dispatchKeyEvent()传递。另一种通过视图（View）捕获按键事件的方法是使用onKeyDown()和onKeyUp()接收所有Activity中的事件。

注意：Android会首先调用事件处理器，然后才是类定义中的默认处理器。这样，从这些事件中返回true会终止事件传递到别的事件监听器，并且会阻挡该视图（View）的默认事件处理器的调用。所以只有要终止事件时才返回true。

2．事件处理器

如果想基于视图（View）建立一个自定义的组件，那么需要定义几个回调方法作为默认事件处理器（Event Handlers）。在Android开发指导文档中的“建立自定义组件”部分，可以看到一些用于事件处理的常用回调方法，包括：

- onKeyDown（int, KeyEvent），新的按键事件产生时调用；
- onKeyUp（int, KeyEvent），松开按键事件发生时调用；
- onTrackballEvent（MotionEvent），轨迹球动作事件发生时调用；
- onTouchEvent（MotionEvent），触摸屏幕动作事件发生时调用；
- onFocusChanged（Boolean, int, Rect），当一个视图（View）获取或者失去焦点时调用。

还有另外一些方法，它们并不是视图（View）类的一部分，但是可以直接影响处理事件的方式。所以，当需要管理界面中更复杂的事件时，可以考虑这些方法：

- Activity.dispatchTouchEvent（MotionEvent），该方法允许Activity在它们传递到窗口前拦截所有触控事件。
- ViewGroup.onInterceptTouchEvent（MothionEvent），该方法允许一个视图组在事件传递给子视图时监视该事件。
- ViewParent.requestDisallowInterceptTouchEvent（boolean），在一个父视图上调用，表明它不应该通过onInterceptTouchEvent（MotionEvent）拦截触控事件。

3．触控模式

当用户通过方向键或者轨迹球操纵用户界面时，有必要赋予焦点某个可交互的视图（比如按钮），这样用户才能正确地完成交互。但是，如果设备支持触控，用户通过触摸来和界面进行交互，那么就没有必要赋予焦点给某个视图。这样，针对这种类型操作的模式叫做“触控模式”。

对一个支持触控的设备，一旦用户触摸了屏幕，设备就会进入触控模式。从这时开始，只有那种isFocusableInTouchMode()为true的视图可以成为焦点（比如文本编辑控件），别的可触控的视图（比如按钮）就不会在触摸时被设为焦点。

当用户点击方向键或者滚动轨迹球，设备就会退出触控模式，并且找到一个视图设为焦点。这样，用户就可以不通过触摸屏幕来和界面进行交互了。

触控模式的状态通过整个系统来维护（所有的窗口和Acticity）。要查询状态，可以调用isInTouchMode()来查看设备现在是否处于触控模式。

4．处理焦点

视图框架会处理常规焦点转移以负责用户的输入。这包括当视图移除或者隐藏或者新的视图可用时改变焦点，视图通过isFocusable()方法来表明它们是否愿意被设为焦点。当想要改变视图的焦点状态时，可以调用setFocusable()；当在触控模式时，可以使用isFocusableInTouchMode()来查询视图是否在触控模式可设为焦点，可以使用setFocusableInTouchMode()来改变这个值。

焦点转移是一种基于在指定方向上找寻最近邻居的算法。在少数情况下，默认的算法可能不符合开发者想要的行为。在这些情况下，可以在界面文件中提供的XML属性有：nextFocusDown、nextFocusLeft、nextFocusRight和nextFocusUp，将其中一个属性加入到焦点要离开的视图，将属性的值定义为将要赋予焦点的视图的ID。例如：

```
<LinearLayout
    android:orientation="vertical"
        ... >
    <Button android:id="@+id/top"
            android:nextFocusUp="@+id/bottom"
            ... />
    <Button android:id="@+id/bottom"
```

```
        android:nextFocusDown="@+id/top"
        ... />
</LinearLayout>
```

通常，在这个垂直布局中从第一个按钮往上移将不会去任何地方，同样从第二个按钮往下也不会有任何移动。而现在，上面的top按钮给nextFocusUp的值赋为底部的bottom按钮，bottom按钮给nextFocusDown的值赋为顶部的top按钮，于是焦点就会在上下两个按钮中循环。

如果要在界面中声明一个可焦点的视图（通常不可焦点），就要在布局声明中给该视图加入XML属性android:focusable，并将值设置为true，也可以用android:focusbaleInTouchMode来声明一个视图在触控模式时可焦点。

如果要求一个特定的视图来接受焦点，可以调用requestFocus()。

如果要监听焦点事件（在一个视图获得或失去焦点时发生），可以使用onFocusChange()。

6.3.2 视图层次

Android应用程序的基本功能单位是一个activity（android.app.Activity类的对象）。一个activity可以做很多事情，但它本身并不在屏幕上显示。为了让activity能够在屏幕上显示并为其设计UI，可以使用Android平台用户界面的基本单元：视图（View）和视图组（ViewGroup）。

1. 视图

一个视图是基类android.view.View的一个对象。它的属性存储了屏幕中一个特定矩形区域的布局和内容。每个视图对象都有自己的尺寸、布局、绘制方式、视角变换、滚动以及与其所在屏幕特定矩形区域相交互的关键动作。

视图类是控件类（一组用于绘制交互式屏幕元素的派生类）的基类。每个控件都可以单独绘制，因此可以使用它们构建UI。可用的控件有TextView、EditText、Button、RadioButton、Checkbox和ScrollView等。

2．视图组

一个视图组是类android.view.Viewgroup的一个对象。正如其名，一个视图组是一个特殊形式的视图对象，其功能是控制和管理下级视图或视图组。视图组在为UI增加新的结构或者创建复杂的屏幕元素时就像处理一个单一实体一样简单。

视图组是布局相关类（一组提供屏幕布局方法的完整定义的子类集合）的基础，布局提供了一个为一系列视图创建结构的方法。

3．视图层次

在Android平台上，可以通过创建一系列的View和ViewGroup节点来定义一个Activity的UI界面，如图6-2所示。可以根据需要改变层次结构树的复杂度，也可以使用Android预定义的布局和控件或者使用用户自定义的视图。

为了把视图的层次结构树显示到屏幕上，相应的Activity必须调用setContentView()方法并传递一个引用到根节点对象，Android系统接收此引用，并用其清空屏幕、绘制该树。层次结构的根节点调用其子节点的相应绘制方法对自身进行绘制。相应地，每个视图组节点都调用其子节点的相应绘制方法对自身进行绘制。绘制时子节点从其父节点获取尺寸大小和位置坐标，但父节点对象会限定子节点尺寸的最大值。Android会依次解析各元素的布局方式（从层次结构的根节点开始），绘制视图并将其关联到父节点上。因为是顺序绘制的，如果存在有位置重叠的元素，那么后绘制的元素会覆盖先绘制的元素。

4．重要的视图组

表6-2列举出了部分重要的视图组，并加以说明。

图 6-2　视图的层次结构树

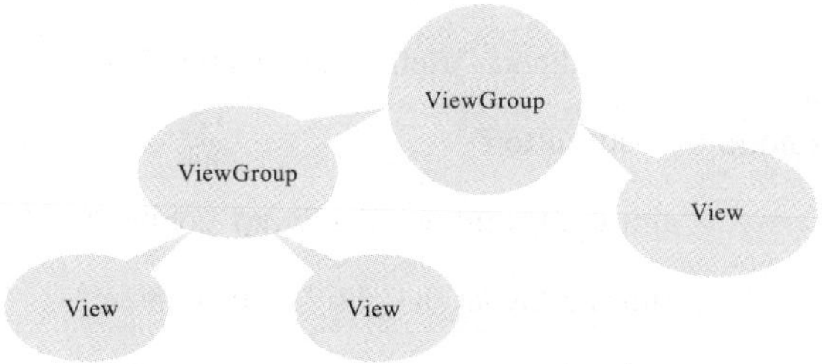

表 6-2 部分重要的视图组

类	说　明
FrameLayout	显示一个单独视图对象的布局
Gallery	从给定的清单横向滚动图像
GridView	显示m列和n行滚动网格
LinearLayout	把其子元素组织成一列或者一行。当窗口长度超过了屏幕的长度时创建一个滚动条
ListView	滚动显示单个列清单
RelativeLayout	使子元素与父元素的位置相关联
ScrollView	一个元素的垂直滚动栏
Spinner	每次在单行文本框上显示给定列表中的一个项。有点像一行的列表框，可以水平或垂直滚动
TabHost	提供一个标签监视器用来监视单击选择列表，当应用程序按下标签时改变屏幕
TableLayout	以行和列为基础的表格布局，每个单元格容纳一个选择的部件。调整行以适应最大的列。单元格边框不可见
ViewFlipper	在单列文本框中一次显示一个项目的列表
ViewSwitcher	同ViewFlipper

5．使用XML记录视图层次

通常使用XML布局文件来记录布局方式和视图层次结构。XML提供了类似HTML的易读的布局结构。每个XML元素是一个View对象或者ViewGroup对象（或其派生类对象）。View对象是叶节点，ViewGroup对象是根节点（参见上节视图层次结构相关内容）。

每个XML元素的命名与其对应的类相一致。例如，一个<TextView>元素在用户界面中创建一个TextView视图，一个<LinearLayout>元素创建一个LinearLayout线性布局。

例如，包含一个文本框和一个按钮的简单垂直布局如下：

```
<?xml version="1.0" encoding="utf-8"?>
<LinearLayout xmlns:android="http://schemas.android.com/apk/res/android"
                android:layout_width="fill_parent"
                android:layout_height="fill_parent"
                android:orientation="vertical" >
  <TextView android:id="@+id/text"
                android:layout_width="wrap_content"
                android:layout_height="wrap_content"
                android:text="Hello, I am a TextView" />
  <Button android:id="@+id/button"
                android:layout_width="wrap_content"
                android:layout_height="wrap_content"
                android:text="Hello, I am a Button" />
```

</LinearLayout>

请注意，用户可以向其中嵌套另一个LinearLayout元素（或其他类型的视图组），从而扩展视图层次，创造出更复杂的布局。

提示：还可以在Java代码中绘制View对象和ViewGroup对象，使用addView(View)方法动态地插入新的View对象和ViewGroup对象。

6.3.3 布局与控件

在Android应用程序中，通过View类和ViewGroup类的对象创建用户界面。同时View类派生出很多子类，因此可以创建多种形式的用户界面。

View对象是Android平台组成用户界面的基本单元。View类是多种控件的基础，而控件提供了丰富而全面的UI对象，例如文本框和按钮等。ViewGroup类是各式各样布局的基础，诸如线性布局、表格式布局和关联布局等。

1．布局

用户在创建视图时可以使用多种布局方式。Android中预定义的布局方式包括LinearLayout、RelativeLayout、TableLayout、GridLayout等。每种布局方式都提供了一套完整的布局相关参数，这些参数包括视图的位置和布局方式等。

下面介绍一些常用的布局样式，所有的布局相关类都是ViewGroup类的子类。

（1）FrameLayout

FrameLayout是最简单的布局方式。在一个空白屏幕上，可以用简单的对象对其进行填充。例如，可以把一张图片填充其中或者删除。FrameLayout的所有子元素都被固定到左上角，不可以为子视图指定不同的位置。随后的子视图会部分或者完全覆盖前面的（除非新的子视图是透明的）。

（2）LinearLayout

LinearLayout使所有的子视图沿着一个固定的方向排列（垂直或者水平），该方向取决于所定义的方向属性的值。所有的子视图都一个接着一个排列，因此垂直排布方式中不管多宽每行只有一个子视图，而水平排布方式中将会只有一个行高（子视图中行高的最大值加上填充值）。LinearLayout支持子视图的页边距和三种对齐方式（左对齐、右对齐和居中对齐）。

LinearLayout还支持为每个子视图设置一个权值。这个权值代表一个视图的“重要性”，依据该值可以决定一个视图占用父视图中剩余空间的多少。子视图可以指定一个整数权值，在把视图组中的剩余空间分配给子视图时与其权值相关，除非权值是零。例如，有三个文本框，他们中的两个权值为1，而另一个权值为0，则第三个文本框只会占用其预定义的空间，不会扩展。另外两个文本框却可以等比例扩展，以填补剩余空间。如果第三个文本框的权值是2（而不是0），那么它的扩展需求比其他两个文本框“更重要”，所以它可以得到一半总剩余空间，而前两个文本框都只能得到四分之一总剩余空间。

提示：要创建一个大小合适的屏幕布局，创建视图组对象的容器时把layout_width和layout_height属性值设为fill_parent，把子视图的高度或宽度设为零，然后按照子视图在屏幕中所占比例为其分配相应的权值。

图6-3表示按照LinearLayout方式排列的一系列元素：一个按钮，一些标签和文本框。文本框的宽度设置为fill_parent，其他的元素都设置为wrap_content。对齐方式为左对齐。不同的是，左侧的表格中没有设置权值（默认为0），而右侧的表格中Comments文本框权重设置为1。如果Name文本框的权值也被设置为1，那么Name和Comments文本框将是相同的高度。

在水平LinearLayout方式中，元素是以参考线位置为基础排列的（第一个元素的第一行的最上面或最左边被认为是参考线）。这是为了让用户在阅读表单元素的文本时视线不用上下跳动。这可以通过在XML布局中设置android:baselineAligned="false"实现。

（3）TableLayout

TableLayout排布方式把子视图按照行和列排列。TableLayout容器不显示行、列或者单

图 6-3　LinearLayout排布示例

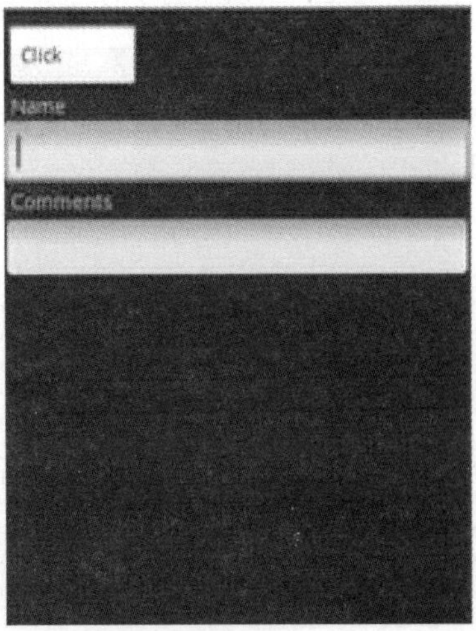

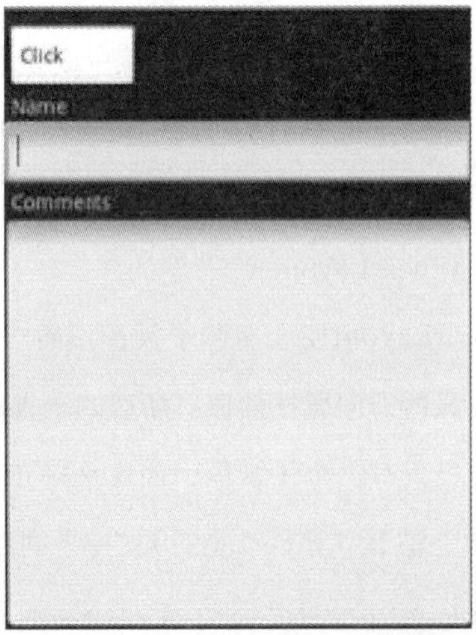

元的边界线，单元可以为空，但不可越界。

TableRow对象是TableLayout的子视图（每个TableRow定义表中的一行）。每一行有零个或多个单元，它们都是由其他种视图定义的。因此，一行的单元可以由多种视图对象组成，像ImageView或TextView对象。一个单元也可以是一个ViewGroup对象（例如，可以在一个单元中嵌套另一个TableLayout）。

下面的示例布局有两行，每行有两个文本。图6-4使得单元边框为虚线，增加了视觉效果。

```
<?xml version="1.0" encoding="utf-8"?>
<TableLayout xmlns:android="http://schemas.android.com/apk/res/android"
    android:layout_width="fill_parent"
    android:layout_height="fill_parent"
    android:stretchColumns="1">
    <TableRow>
        <TextView
            android:text="@string/table_layout_4_open"
            android:padding="3dip" />
        <TextView
            android:text="@string/table_layout_4_open_shortcut"
            android:gravity="right"
            android:padding="3dip" />
    </TableRow>
    <TableRow>
        <TextView
            android:text="@string/table_layout_4_save"
            android:padding="3dip" />
        <TextView
            android:text="@string/table_layout_4_save_shortcut"
            android:gravity="right"
            android:padding="3dip" />
    </TableRow>
</TableLayout>
```

注意：列可以被隐藏，标记为延伸从而填充可用的屏幕空间，也可以标记为收缩从而强制收缩直到表适合屏幕。

（4）RelativeLayout

RelativeLayout排布方式让子视图与父视图或者子视图之间相关联。因此，可以让两个元素右对齐，或者让一个元素位于另一个元素的下面，中心在屏幕上，或中心在左侧等。元素按给定的顺序显示，所以如果第一个元素在屏幕中心，其它与之对齐的元素将与屏幕中心相关联。另外，由于这种排序，如果使用XML来指定这个布局，使用的元素必须先在XML文件中列出，然后再通过它的ID调用它。

下面的例子显示了一个RelativeLayout排布方式的XML文件。

```
<?xml version="1.0" encoding="utf-8"?>
<RelativeLayout xmlns:android="http://schemas.android.com/apk/res/android
                android:layout_width="fill_parent"
                android:layout_height="wrap_content"
                android:background="@drawable/blue"
                android:padding="10px" >
  <TextView android:id="@+id/label"
            android:layout_width="fill_parent"
            android:layout_height="wrap_content"
            android:text="Type here:" />
  <EditText android:id="@+id/entry"
            android:layout_width="fill_parent"
            android:layout_height="wrap_content"
            android:background="@android:drawable/editbox_background"
```

图6-4　TableLayout排布示例

```
            android:layout_below="@id/label" />
    <Button android:id="@+id/ok"
            android:layout_width="wrap_content"
            android:layout_height="wrap_content"
            android:layout_below="@id/entry"
            android:layout_alignParentRight="true"
            android:layout_marginLeft="10px"
            android:text="OK" />
    <Button android:layout_width="wrap_content"
            android:layout_height="wrap_content"
            android:layout_toLeftOf="@id/ok"
            android:layout_alignTop="@id/ok"
            android:text="Cancel" />
</RelativeLayout>
```

该RelativeLayout排布中的一些重要参数为：below, alignTop, alignParentRight, padding[Bottom|Left|Right|Top], margin[Bottom|Left|Right|Top]。below表示位于另一元素下方，alignTop表示与另一元素处于同一高度，alignParentRight表示与父元素右对齐，padding表示内边距，margin表示外边距。请注意，一些参数用于相对布局，它们的值必须是元素的ID。在上例中，android:layout_toLeftOf="@id/ok"表示按钮Cancel在ID为ok（必须预先写在XML文件中）的视图的左侧。

2. 控件

Android中的主要控件包括TextView、EditText、Button、RadioButton、CheckBox、ImageView等，下面来一一介绍。

（1）TextView

TextView是一个用来显示文本标签的控件，在帮助文档中可以看到如下介绍：

public class

TextView

extends View

implements ViewTreeObserver.OnPreDrawListener

java.lang.Object

android.view.View

android.widget.TextView

Known Direct Subclasses: Button, CheckedTextView, Chronometer, DigitalClock, EditText

Known Indirect Subclasses: AutoCompleteTextView, CheckBox, CompoundButton, ExtractEditText, MultiAutoCompleteTextView, RadioButton,Toggle Button

extends表示 TextView继承自View，implements表示TextView实现的接口类，接下来的Direct Subclasses、Indirect Subclasses表示了TextView的直接子类和间接子类。

TextView一些常用的方法如表格6-3所示。

表 6-3 TextView一些常用方法

方 法	说 明
setGravity	设置摆放位置
setHeight	设置文本高度
setText	显示文本
setTextColor	设置文本颜色
setTextSize	设置文本大小
setWidth	设置文本宽度
getText	获得文本框中的文本

TextView用法是：首先在布局文件中声明TextView的ID，然后在源代码中用findViewById取得该TextView并对其进行相关操作。

在布局文件中声明一个TextView：

```
<TextView
    android:id="@+id/tv"
    android:layout_width="fill_parent"
    android:layout_height="wrap_content"
    />
```

在源代码中使用TextView如下：

```
private TextView tv;//声明TextView对象
public void onCreate(Bundle savedInstanceState){
    super.onCreate(savedInstanceState);
    ...
```

```
        tv = (TextView)findViewById(R.id.tv);
        String  hello = "Hello!";
        ...
        tv.setText(hello);
        ...
}
```

（2）EditText

EditText是TextView的子类，该控件显示一个空白的文本框以供编辑，它的直接子类是AutoCompleteTextView和ExtractEditText，间接子类是MultiAutoCompleteTextView。

由于EditText是TextView的子类，一些常用的方法和TextView类似。

在布局文件中声明一个EditText：

```
<EditText
        android:id="@+id/et"
        android:layout_width="fill_parent"
        android:layout_height="wrap_content"
        />
```

在源代码中使用EditText如下：

```
private EditText et;//声明EditText对象
public void onCreate(Bundle savedInstanceState){
        super.onCreate(savedInstanceState);
        ...
        et= (EditText)findViewById(R.id.et);
        ...
}
```

（3）Button

Button也是TextView的直接子类，它是一个按钮控件，可以被点击，也是常用的控件之一。

在布局文件中声明一个Button：

```
<Button
        android:id="@+id/button"
        android:layout_width="fill_parent"
```

```
    android:layout_height="wrap_content"
    />
```

在源代码中使用Button如下：

```
private Button button;//声明Button对象
public void onCreate(Bundle savedInstanceState) {
    super.onCreate(savedInstanceState);
    ...
    button = (Button) findViewById(R.id.button);
    button.setOnClickListener(new  OnClickListener() {
            public void onClick(View v) {
            //执行点击后的操作
            }
    });
}
```

（4）RadioButton

RadioButton是一种只能有选中和未选中两种状态的按钮，通常RadioButton是用在RadioGroup中的，如下所示，在一个RadioGroup中，有两个RadioButton，但是只能有一个被选中，这与CheckBox不同。

```
<RadioGroup
    android:id="@+id/genderGroup"
    android:layout_width="wrap_content"
    android:layout_height="wrap_content"
    android:orientation="vertical"
    />
<RadioButton
    android:id="@+id/femaleButton"
    android:layout_width="wrap_content"
    android:layout_height="wrap_content"
    android:text="@string/female"
    />
<RadioButton
```

```
    android:id="@+id/maleButton"
    android:layout_width="wrap_content"
    android:layout_height="wrap_content"
    android:text="@string/male"
    />
</RadioGroup>
```

（5）CheckBox

下面看看CheckBox，与RadioGroup中RadioButton不同，看下面的例子，共定义了3个CheckBox，这3个CheckBox都可以被选中。

```
<CheckBox
    android:id="@+id/swim"
    android:layout_width="wrap_content"
    android:layout_height="wrap_content"
    android:text="@string/swim"
    />
<CheckBox
    android:id="@+id/run"
    android:layout_width="wrap_content"
    android:layout_height="wrap_content"
    android:text="@string/run"
    />
<CheckBox
    android:id="@+id/read"
    android:layout_width="wrap_content"
    android:layout_height="wrap_content"
    android:text="@string/read"
    />
```

（6）ImageView

ImageView继承自View，程序中的图像都是通过ImageView载入的。ImageView是Android中可以直接显示图像的控件,ImageView可以支持多种格式的图像，比如bmp、jpg等。

ImageView可以从不同来源加载资源图片，可以用在布局管理上，可以提供不同的显示选项，如着色和缩放等。常被用到的几个方法如表6-4所示。

表 6-4 ImageView一些常用方法

方　法	说　明
setImageResource	设置图片来源，设置一个drawable对象作为其内容
setLayoutParams	设置布局的属性参数
setScaleType	依据ImageView大小，控制图像如何摆放及移动
setImageURI	设置当前ImageView的内容作为Uri
getDrawable	返回当前的Drawable对象，如果没有返回空null
setSelected	改变当前View被选中时的状态
setImageBitmap	设置一个Bitmap位图格式的图像为其内容

ImageView的通常用法与ImageView类似，先在布局中声明，如下所示：

```
<ImageView
    android:id="@+id/pic"
    android:layout_width="wrap_content"
    android:layout_height="wrap_content"
    android:padding="10px"
    />
```

然后在源代码中载入图片，如下所示：

```
    private ImageView pic;
    pic = (ImageView)findViewById(R.id.pic);
    Bitmap image = BitmapFactory.decodeResource(getResources(), R.drawable.dog);
    pic.setImageBitmap(image);
```

6.4 文件系统

文件系统是对文件存储器空间进行划分和组织，同时处理文件的存储和保护，并可以对存入的文件进行检索的系统。通常包括了建立文件，存入、读出、修改、转储文件，控制文件的存取，当用户不再使用时撤销文件等。下面对Android文件系统进行分析并举了一个简单的例子。

6.4.1 Android文件系统

Android 的核心作业系统是基于Linux的。可用SDK中提供的adb shell工具来观察其文件系统结构，启动adb shell 的方法如下：

- 在Windows 中，开启一个命令窗口。
- 执行命令：cd <android-sdk-install_path>/tools。
- 执行命令：adb shell。在执行此句命令前需要保证Android模拟器已经开启。

当看到这个# 提示字元时，就表示已经进入模拟器的系统。也即可以用Linux 上的命令来进行相关操作了。

1. Android文件系统根目录

先从Android文件系统根目录的结构介绍，Android的根文件系统并非标准的Linux文件系统，其目录结构如图6-5所示。

其中目录文件为：

- sqlite_stmt_journals：根目录下的一个tmpfs文件系统，用于存放临时文件数据。
- cache：是缓存临时文件夹。

- sdcard：是SD卡中的FAT32文件系统挂载的目录。
- etc：指向 /system/etc，众所周知的配置文件存放目录。
- system：是一个很重要的目录，系统中的大部分东西都在其中。
- sys：用于挂载 sysfs文件系统。
- sbin：只放了一个用于调试的adbd程序。
- proc：/proc 文件系统下的多种文件提供的系统信息不是针对某个特定进程的，而是能够在整个系统范围的上下文中使用。
- data：存放用户安装的软件以及各种数据。
- root：什么都没有。
- dev：设备节点文件的存储位置。

非目录的文件为：

- init.rc，init.goldfish.rc：是初始化文件。
- init：是系统启动到文件系统的时候第一个运行的程序。

2．根目录下的system目录

system目录在Android文件系统占有极其重要的位置，基本上所有的工具和应用程序都在这个目录下，其中目录文件为：

- app：存放的是Android系统自带的JAVA应用程序。

图6-5　Android根文件目录

```
C:\lin\android-sdk-windows\tools>adb shell
# pwd
pwd
/
# ls -l
ls -l
drwxrwxrwt root     root              2010-12-05 05:57 sqlite_stmt_journals
dr-x------ root     root              2010-12-05 05:57 config
drwxrwx--- system   cache             2010-11-14 15:42 cache
d---rwxr-x system   sdcard_rw          1970-01-01 00:00 sdcard
lrwxrwxrwx root     root              2010-12-05 05:57 d -> /sys/kernel/debu
lrwxrwxrwx root     root              2010-12-05 05:57 etc -> /system/etc
drwxr-xr-x root     root              2010-05-06 16:16 system
drwxr-xr-x root     root              1970-01-01 00:00 sys
drwxr-x--- root     root              1970-01-01 00:00 sbin
dr-xr-xr-x root     root              1970-01-01 00:00 proc
-rwxr-x--- root     root        12215 1970-01-01 00:00 init.rc
-rwxr-x--- root     root         1677 1970-01-01 00:00 init.goldfish.rc
-rwxr-x--- root     root       103112 1970-01-01 00:00 init
-rw-r--r-- root     root          118 1970-01-01 00:00 default.prop
drwxrwx--x system   system            2010-11-14 15:44 data
drwx------ root     root              2010-01-28 00:59 root
drwxr-xr-x root     root              2010-12-05 05:57 dev
```

- xbin：存放了很多系统管理工具，这些工具都是可执行程序。
- bin：存放用户常用的工具程序。
- fonts：字体库文件的存放目录。
- build.prop：是一个属性文件，在Android系统中.prop文件很重要，记录了系统的设置和改变，类似于/etc中的文件。
- lib：存放几乎所有的共享库（.so）文件。
- etc：存放系统中几乎所有的配置文件，根目录下的/etc就链接于此。
- usr：存放用户的配置文件，如键盘布局、共享、时区文件等。
- framework：是JAVA平台的一些核心文件，属于JAVA平台系统框架文件。
- lost+found：yaffs文件系统固有的，类似回收站的文件夹。

6.4.2 文件系统示例

本示例的目的是为了显示根目录下的文件。在图6-6中，有一个TextView文本以提示用户点击按钮，当用户点击按钮后，其下的文本框就会显示根目录下的所有文件。

该示例必须导入的API如下所示：

- import java.io.File。

图 6-6 文件系统示例

- import android.app.Activity。
- import android.os.Bundle。
- import android.view.View。
- import android.widget.Button。
- import android.widget.TextView。

这里，有一点要注意的是，要进行文件方面的操作时，必须要导入java.io.File。

在下面的代码中，首先声明了一个按钮和一个文本；接下来，在重写的onCreate方法中，使用findViewById取得布局中的控件，并把该控件用于初始化前面定义的按钮和文本；最后，写了一个按钮监听器，该监听器的主要作用是：当用户点击按钮后，显示出根目录下的文件。

```
/*声明对象变量*/
private Button mButton;
private TextView mResult;
/** Called when the activity is first created. */
@Override
public void onCreate(Bundle savedInstanceState) {
    super.onCreate(savedInstanceState);
    /* 载入main.xml Layout */
    setContentView(R.layout.main);
    /* 初始化对象 */
    mButton=(Button)findViewById(R.id.mButton);
    mResult=(TextView) findViewById(R.id.mResult);
    /* 将mButton加入onClickListener */
    mButton.setOnClickListener(new Button.OnClickListener() {
      public void onClick(View v) {
          mResult.setText(searchFile());
          }
    });
    }
```

该方法的主要作用就是把根目录下的文件以字符串方式保存，并返回给调用的方法。在该方法中，首先以根目录创建了一个文件系统实体，即“new File("/")”，同时，利用方法

listFiles返回根目录下的一系列文件；然后利用一个循环，使用方法getPath()把文件系统中的目录取出并存入一个字符串；最后就是返回该字符串。

```
private String searchFile()
{ /* 搜索文件的method */
    String result="";
    File[] files=new File("/").listFiles();
    for( File f : files ) {
        result+=f.getPath()+"\n";
    }
    if(result.equals("")) result="找不到文件!!";
    return result;
}
```

6.5 数据存储

Android中的数据存储选择包括以下四种：Shared Preferences、Internal Storage、External Storage、SQLite Databases。下面来一一介绍。

6.5.1 Shared Preferences存储方式

Shared Preferences类提供了一个总体框架，用于保存和检索键值对类型数据。Shared Preferences可以保存的键值对类型数据包括：布尔型、浮点、整型、长型和字符串。这些数据将持续整个用户会话（即使应用程序被关闭了）。

Shared Preferences方式是最简单的Android读写数据的方法，通过Preferences来保存的数据，程序员不需要知道它是以什么形式保存的，保存在了什么地方。

要为应用程序获得Shared Preferences对象，使用方法有两种：

- getSharedPreferences()：需要多个preferences文件，且第一个参数指示了preferences文件名。
- getPreferences()：只需要为Activity创建一个preferences文件。由于这将是Activity中唯一的preferences文件，所以不用提供名称，但是要提供创建模式。

在 Android系统提供的API中，有四种创建模式：

- Activity.MODE_APPEND：如果该文件已经存在，然后将数据写入。
- MODE_PRIVATE：默认模式，创建的文件只能由应用程序调用，即为私有的。
- Activity.MODE_WORLD_READABLE：允许其他应用程序有读取和创建文件的权限。
- Activity.MODE_WORLD_WRITEABLE：允许其他应用程序具有写入、访问和创建的文件权限。

使用getSharedPreferences()方法获得一个Shared Preferences对象，要读取值很简单，只要使用getBoolean()和getString()等方法即可，而要对该对象写入值，则有点复杂，其步骤如下：

- 调用edit()获得一个SharedPreferences.Editor对象。
- 向诸如方法putBoolean()和putString()中添加值。
- 用commit()方法提交新的值。

下面是一个例子，该例子在onCreate方法中，先使用getShared Preferences()方法获得一个Shared Preferences对象，然后利用getBoolean读取值；在onStop方法中，同样地，先使用getShared Preferences()方法获得一个Shared Preferences对象，然后利用方法edit()获得一个Shared Preferences. Editor对象editor，并通过putBoolean把值写入editor中，最后则是利用commit()方法提交新值。

```
public class Calc extends Activity {
    public static final String PREFS_NAME = "MyPrefsFile";
    @Override
    protected void onCreate(Bundle state){
        super.onCreate(state);
```

```
        ...
        /**
        * 使用getSharedPreferences()方法获得一个Shared Preferences对象,
        * 然后利用getBoolean读取值
        */
        SharedPreferences settings = getSharedPreferences(PREFS_NAME, 0);
        boolean silent = settings.getBoolean("silentMode", false);
        setSilent(silent);
    }
    @Override
    protected void onStop(){
        super.onStop();
        /**
        * 需要一个Editor对象使得preference文件中的值发生变化，通过putBoolean
        完成
        * 所有的对象都来自android.context.Context
        */
        SharedPreferences settings = getSharedPreferences(PREFS_NAME, 0);
        SharedPreferences.Editor editor = settings.edit();
        editor.putBoolean("silentMode", mSilentMode);
        /**
        * 提交新值
        */
    editor.commit();
    }
}
```

6.5.2 Internal Storage存储方式

可以直接在设备上的内部存储器中保存文件。默认情况下，文件保存到内部存储器为应用程序私有，其他应用程序无法访问它们（用户也一样）。当用户卸载应用程序，这些文件被删除。

创建一个私人文件并写入到内部存储的步骤如下：

- 调用openFileOutput()，并加上文件名称和操作模式，这将返回一个FileOutputStream的流。
- 调用write()写入文件。
- 调用close()关闭流。

例如：

```
String FILENAME = "hello_file";
String string = "hello world!";
FileOutputStream fos = openFileOutput(FILENAME,
Context.MODE_PRIVATE);
fos.write(string.getBytes());
fos.close();
```

MODE_PRIVATE模式表示将创建的文件是应用程序私有的。其他可用的模式有：MODE_APPEND，MODE_WORLD_READABLE和MODE_WORLD_WRITEABLE。

若要从内部存储器读取文件，有以下3步：

- 调用openFileInput()并将文件名传递给它，这将返回一个FileInputStream 的流。
- 调用read()从文件中读取字节。
- 然后用close()关闭流。

提示：编译的时候如果想在应用程序中保存一个静态文件，可以保存在res/raw/目录中，用openRawResource()打开它，不过要传递R.raw. <filename>的资源ID。此方法返回一个InputStream，可以用它来读取文件（但不能写入原始文件）。

如果想缓存一些数据，而不是永久存储，可以使用 getCacheDir()打开一个文件，来表示应用程序应该将临时缓存文件放在哪个内部存储的目录下。

手机设备内部存储空间小，Android可以删除缓存文件来恢复空间。然而，不应该全靠系统来清理这些文件，应该始终保持自己的缓存文件维持在一个合理的空间，例如1MB。当用户卸载应用程序，这些文件都要被删除。

其他有用的方法：

- getFilesDir()：到文件系统目录下获取内部存储文件保存的绝对路径。
- getDir()：在内部存储空间创建（或打开一个现有的）目录。
- deleteFile()：删除一个保存在内部存储的文件。

● fileList()：通过应用程序，返回一个数组保存当前的文件。

6.5.3 External Storage存储方式

每个Android兼容的设备都支持共享“外部存储”，可以用它来保存文件。外部存储可以是一个可移动存储介质（如SD卡）或内置（不可移动）存储。文件保存到外部存储是全局可读，并且当启用USB海量存储转移到电脑上时是可以修改的。

注意：如果用户卸载安装在计算机上的外部存储或媒体，而且也没有安全地执行保存外部存储的文件，外部文件会丢失。应用程序可以访问放在外部存储上的文件，用户可以删除它们。

在做与外部存储相关的工作时，应该总是调用getExternalStorageState()来检查该外部存储是否可用。外部存储的状态可能是“被安装到电脑上”、“缺失了”、“只读”等状态。以下是如何检查外部存储可用性的例子：

```
boolean mExternalStorageAvailable = false;
boolean mExternalStorageWriteable = false;
String state = Environment.getExternalStorageState();
if (Environment.MEDIA_MOUNTED.equals(state)) {
/**
* 可以读写这个媒体
*/
mExternalStorageAvailable = mExternalStorageWriteable = true;
} else if (Environment.MEDIA_MOUNTED_READ_ONLY.equals(state)) {
/**
* 只能读
*/
mExternalStorageAvailable = true;
    mExternalStorageWriteable = false;
} else {
    /**
    * 可能是其他一些问题，但只需要知道既不能读又不能写
```

```
    */
    mExternalStorageAvailable = mExternalStorageWriteable = false;
}
```

这个例子检查外部存储是否可读写。getExternalStorageState()方法还可以返回其他一些状态，如媒体是否被共享（连接到计算机）、是否完全丢失、是否已经被删除。

下面首先介绍如何在外部存储中访问文件。如果使用的API级别为8或者更高，可以使用方法getExternalFilesDir()来打开一个文件。这个方法有一个类型（type）参数用来指定想要的子目录类型，如DIRECTORY_MUSIC和DIRECTORY_RINGTONES（传递null将得到应用程序文件的根目录）。通过指定目录的类型，可以确保Android媒体扫描器正确地分类系统的文件（例如，铃声被定义为铃声而不是音乐）。如果用户卸载应用程序，这个目录及其所有内容将被删除。如果使用的API等级是7或更低，使用getExternalStorageDirectory()来打开一个文件。当文件打开后，应该将数据写入以下目录中：

/Android/data/ <package_name> /files/

该<package_name>是Java风格的包名，如com.example.android.app。

在文件目录外部包括一个空文件.nomedia（注意在文件名前缀点），这将防止Android的媒体扫描器读取类似照片或音乐的媒体文件。

接下来，将介绍如何访问那些要被共享的文件。如果想保存的文件不是特定使用于某个应用程序，并且当卸载应用程序时该文件也不应被删除的时候，将它们保存到一个外部存储的公共目录较为合适。这些目录作为外部存储的根目录，一般是像Music/、Pictures/ 、Ringtones/这样的目录。

如果使用的API级别为8或者更高，使用方法getExternalStoragePublicDirectory()打开一个文件，需要注意的是，必须传递给它想要的公共类型的目录，如DIRECTORY_MUSIC、DIRECTORY_PICTURES 、DIRECTORY_RINGTONES。如果有必要的话，此方法将创建相应的目录。如果使用的API等级为7或更低，使用getExternalStorageDirectory()打开一个文件。当文件打开后，保存共享文件到以下目录中的一个：

- Music/：媒体扫描仪分类所有在这里发现的媒体作为用户音乐。
- Podcasts/：媒体扫描仪分类所有在这里发现的媒体作为一个播客。
- Ringtones/：媒体扫描仪分类所有在这里发现的媒体作为铃声。
- Alarms/：媒体扫描仪分类所有在这里发现的媒体作为报警声。
- Notifications/：媒体扫描仪分类所有在这里发现的媒体作为通知。
- Pictures/：所有照片（不包括相机拍摄的）。

- Movies/：所有电影（不包括摄像机拍摄的）。
- Download/：杂项下载。

最后，介绍如何在外部存储中保存缓存文件。如果使用API级别为8或更高，使用getExternalCacheDir()打开一个文件，该文件是将要保存的缓存文件所在的外部存储目录。如果用户卸载应用程序，这些文件将被自动删除。注意一点，在运行应用程序过程中，应该管理这些缓存文件并删除那些没用的文件，以保留存储空间。如果使用API等级为7或更低，使用getExternalStorageDirectory()打开一个文件，该文件表示外部存储的根。当文件打开后，将缓存数据写入以下目录中：

/Android/data/ <package_name> /cache/

该<package_name>是Java风格的包名，如com.example.android.app。

6.5.4 SQLite Databases存储方式

Android支持SQLite数据库，应用程序中的所有类皆可通过名称访问创建的数据库，但是应用程序之外无法访问。

创建一个新的SQLite数据库的方法是，创建一个继承自SQLiteOpenHelper的子类并重写onCreate()方法，在这个方法中可以执行SQLite命令在数据库中创建表。例如：

```
public class MyDbOpenHelper extends SQLiteOpenHelper {
    private static final int DATABASE_VERSION = 2;
    private static final String DICTIONARY_TABLE_NAME = "dictionary";
    private static final String DICTIONARY_TABLE_CREATE =
                    "CREATE TABLE " + DICTIONARY_TABLE_NAME + " (" +KEY_
WORD + " TEXT, " +KEY_DEFINITION + " TEXT);";
    DictionaryOpenHelper(Context context) {
        super(context, DATABASE_NAME, null, DATABASE_VERSION);
    }
    @Override public void onCreate(SQLiteDatabase db) {
        db.execSQL(DICTIONARY_TABLE_CREATE);
    }
}
```

然后，可以使用所定义的构造函数来得到一个SQLiteOpenHelper的实例。调用getWritableDatabase()和getReadableDatabase()分别对数据库进行写入和读取。这些都返回一个表示数据库SQLiteDatabase的对象，并提供对SQLite操作的方法。

可以使用SQLiteDatabase query()方法来执行SQLite查询，该方法接受多方面的查询参数，如表的查询、投影、选择、列、组或者其他。对于复杂的查询，比如某些列的别名，应该使用SQLiteQueryBuilder，该方法提供了几个构建查询的方便方法。

每个SQLite的查询将返回一个Cursor，Cursor指向查询出的所有行，Cursor机制可以从数据库查询中导出结果，从而可以读取行和列。

Android SDK包含一个sqlite3数据库工具，可以使用该工具浏览表的内容，运行SQL命令，并执行在SQLite数据库中的一些方法。

这里有一个从远处shell端查询数据库的例子：

```
$ adb -s emulator-5554 shell
# sqlite3 /data/data/com.example.google.rss.rssexample/databases/rssitems.db
SQLite version 3.3.12
Enter ".help" for instructions .... enter commands, then quit...
sqlite> .exit
```

在上例中，一旦调用了sqlite3，就可以在命令行下输入sqlite3命令了。当想要退出并返回adb远程shell端，输入exit或CTAL+D即可。

6.6 网络

自从3G诞生以来，无线网络发展速度非常迅猛。用户可以不受时空限制，随时随地进行数据交换，相关的应用也比较多，比如手机银行、手机地图、手机炒股等。而且在

Android中，一些受欢迎的应用必须通过网络才可以实现。本节介绍Android手机的网络连接，主要包括WiFi和蓝牙。

6.6.1 WiFi

WiFi是Wireless Fidelity的缩写，使用IEEE的802.11协议标准，由WiFi联盟拥有，WiFi频段在世界范围内属于免费频段。目前WiFi在智能手机中广泛流行，是智能手机中的核心功能之一。WiFi在全国的覆盖范围也越来越广泛，大多公用场所用WiFi即可进行网上冲浪，获取各种网络服务。

1. WiFi相关知识

- WiFiConfiguration。此类负责WiFi网络的配置，包括安全配置等。
- WiFiInfo。此类包括对WiFi无线连接的描述，包括接入点、网络连接状态、隐藏的接入点、IP地址、连接速度、MAC地址、网络ID等信息。
- WiFiManager。此类提供了管理WiFi连接的多数API，是WiFi与外界的接口，用户通过它来访问WiFi的核心功能，它包括已经配置好的网络清单，有一些常量来表示WiFi状态的改变，可以查询有关网络状态的动态信息。
- WiFiManager.WiFiLock。通常当用户一段时间内没有任何操作时，WiFi网络就会自动关闭。可以用WiFiLock来锁定WiFi网络，使其一直保持连接，直到锁定被释放。要根据具体情况选择是否需要用WiFi锁，因为长时间开启WiFi会影响电池寿命。
- WiFiServer。是服务器端的实现，作为WiFi部分的核心，处理实际的驱动加载、扫描、连接、断开等命令，以及底层上报的控制命令，调用相应的WiFiNative底层实现。
- WiFiStateTracter。除了负责WiFi的电源控制、设置电源管理模式等功能外，其核心是WiFiMonitor所实现的事件轮询机制，以及消息处理函数handleMessage。

2. WiFi工作流程

WiFi工作流程：

- 开启WiFi。
- 查找AP（Access Point）。

● 连接AP。

用WiFi时，需要在配置文件AndroidManifest.xml中加入对权限的声明。

3．示例

下面是如何打开和关闭WiFi的示例。

首先要定义一个WiFiManager的对象wf，使用该对象的isWiFiEnabled和setWiFiEnabled方法即可打开和关闭WiFi，如下所示：

```
public class WiFiExample
{
    private WiFiManager wf;
    ...
    /**
    * 打开WiFi
    */
    public void open()
    {
        if(!wf.isWiFiEnabled())
        {
            wf.setWiFiEnabled(true);
        }
    }
    /**
    * 关闭WiFi
    */
    public void close()
    {
        if(!wf.isWiFiEnabled())
        {
            wf.setWFiEnabled(false);
        }
    }
```

```
    ...
}
```

6.6.2 蓝牙

Android平台支持蓝牙网络堆栈，它允许蓝牙设备以无线方式进行数据交换。应用程序框架提供了通过Android蓝牙API访问蓝牙的功能。这些API让应用程序以无线方式连接到其他蓝牙设备，提供点对点和多点无线功能。

使用蓝牙的API，Android应用程序可以执行以下操作：

- 扫描其他蓝牙设备。
- 查询本地蓝牙适配器以配对蓝牙设备。
- 建立RFCOMM通道。
- 通过服务发现、连接到其他设备。
- 传输数据到其他设备和从其他设备传输数据。
- 管理多个连接。

所有的蓝牙API可在 android.bluetooth 包中找到。这里有一个创建蓝牙连接的类的综述：

- BluetoothAdapter：表示本地蓝牙适配器（蓝牙无线电）。该 BluetoothAdapter 是所有蓝牙设备的交互点。用它可以发现其他蓝牙设备，查询设备配对列表，使用已知的MAC地址实例化一个BluetoothDevice，并创建一个 BluetoothServerSocket 侦听其他的设备通信。
- BluetoothDevice：表示远程蓝牙设备。通过 BluetoothSocket请求与一个远程设备连接，或查询设备信息，如它的名称、地址、类和结合状态。
- BluetoothSocket：代表了一个蓝牙套接字（与TCP套接字类似）。这是连接点，允许应用程序通过InputStream和OutputStream与另一个蓝牙设备交换数据。
- BluetoothServerSocket：表示一个监听传入请求的开放的服务器套接字（类似TCP ServerSocket）。为了连接两个Android设备，一个设备必须打开一个服务器套接字，当另一个远程蓝牙设备做出连接请求，BluetoothServerSocket 将返回一个连接BluetoothSocket，连接被接受。
- BluetoothClass：描述蓝牙设备的一般特点和功能。这是一个只读的属性，定义设备的主要和次要的设备类和服务。然而，这并不能可靠地描述所有的蓝牙配置文件和设备支持的服务。

为了使用应用程序蓝牙功能，需要声明的权限是BLUETOOTH和BLUETOOTH_ADMIN。

必须请求 BLUETOOTH 权限，才能执行蓝牙通讯数据，如请求连接、接受连接和转发数据。

必须请求BLUETOOTH_ADMIN 权限，才能启动设备，发现或操纵蓝牙设备。大多数应用程序需要此权限以发现本地蓝牙设备。

在应用程序配置清单文件中声明蓝牙许可，如下所示：

```
<manifest ... >
    <uses-permission android:name="android.permission.BLUETOOTH" />
    ...
</manifest>
```

6.7 图形显示

Android图形由两部分组成，一是2D图形库，一是用于3D图形处理的OpenGL ES 1.0。drawable包中包含2D图形的API，Khronos OpenGL ES包中则包含了OpenGL的API，外加一些Android OpenGL工具类。

6.7.1 2D图形

1. 2D图形的绘制方式

要绘制一个2D图形，通常有以下两种方式：

- 通过Canvas绘制图形：这种方式，需要调用合适类的draw()方法，或者Canvas的draw...()方法（比如drawPicture()）。
- 通过布局中的视图对象绘制图形或动画：这样一来，图形和动画的绘制变得简单，按照一般的视图对象来处理即可。

这两种方式的选择有一定的依据，当应用程序需要有规律的重绘图形时，方式一是比较好的选择；当要绘制的图形简单、无须动态变化，且不是高性能游戏的一部分时，方式二则是更好的选择。

2. 通过Canvas绘制

Canvas相当于实际外观的一个接口，通过Canvas可以在实际外观上呈现出图形。事实上，Canvas在底层的位图上进行操作，而位图可以显示在窗口内。要创建一个新的Canvas，就必须定义一个位图，在该位图之上才可以完成Canvas的创建工作。如下所示：

```
Bitmap b = Bitmap.createBitmap(100, 100, Bitmap.Config.ARGB_8888);
Canvas c = new Canvas(b);
```

在利用位图完成Canvas创建之后，还可以使用Canvas.drawBitmap(Bitmap,...)方法将此位图搬移到其他Canvas中。

Canvas类自身有一系列可供选择的作图方法，比如drawBitmap(...)、drawRect(...)、drawText(...)。其他类也有自己的draw()方法，比如，有一个Drawable 对象，要把该对象放到Canvas中，就可以利用Drawable 对象自身的draw()方法，该方法可以把Canvas作为传入参数。

下面介绍一种通过Canvas绘制图形的情况。如果应用程序不要求图形进行高帧率处理（比如棋类游戏、贪吃蛇或其他慢速动画应用），可以考虑创建一个自定义的视图控件，然后使用View.onDraw()方法绘制。这种做法的最方便之处就是Android框架提供了一个预定义的Canvas供开发调用。

其具体做法是：自定义视图控件（该控件需要继承View类），同时要重写onDraw()回调方法。Android框架会在必要时调用onDraw()方法。每当应用程序即将制图时，必须先调用

invalidate()方法清除以前的视图，然后才调用onDraw() 方法。在onDraw()方法中，先传入预定义的Canvas，然后就可以使用各种Canvas.draw...()方法来绘图了。

3. Drawable

Drawable是对那些“可绘制事物”的抽象描述。Drawable可以扩展为一系列Drawable图形，包括BitmapDrawable、ShapeDrawable、PictureDrawable、LayerDrawable等。

定义和实例化一个Drawable对象共有3种方式：

- 使用保存在项目资源中的图片；
- 使用定义了Drawable属性的xml文件；
- 使用类构造函数。

下面着重讨论前两种方式。

此处开始讨论第一种方式：使用保存在项目资源中的图片。

只需要将图片文件添加到工程目录的res/drawable/中，就可以使用图片资源，该图片资源可以在代码或者xml布局文件中引用。通过引用项目资源中的图片，可以很容易地把图片添加进应用程序，这种方式支持的图片格式是PNG、JPG和GIF。

下面是一个示例，这个示例首先构建一个LinearLayout布局和一个ImageView视图控件，然后ImageView载入了drawable资源中的图片并定义了一些属性，最终该ImageView被载入LinearLayout布局中。代码如下所示：

```
LinearLayout mLinearLayout;
protected void onCreate(Bundle savedInstanceState) {
    super.onCreate(savedInstanceState);
    /**
    * 创建一个LinearLayout布局并在其中添加ImageView
    */
    m LinearLayout = new LinearLayout(this);
    /**
    * 实例化ImageView 并定义其属性
    */
    ImageView i = new ImageView(this);
    i.setImageResource(R.drawable.my_image);
    i.setAdjustViewBounds(true);
```

```
/**
 * 设置ImageView以满足Drawable的大小
 */
i.setLayoutParams(new Gallery.LayoutParams(LayoutParams.WRAP_CONTENT,
LayoutParams.WRAP_CONTENT));
/**
 * 添加ImageView 到布局中，并设置该布局作为content view
 */
mLinearLayout.addView(i);
setContentView(mLinearLayout);
}
```

在某些情况下，可能希望资源中的图片能够作为一个Drawable 对象，这需要先获得一个Resources的实例res，然后通过方法getDrawable()载入资源中的图片，如下所示：

```
Resources res = mContext.getResources();
Drawable myImage = res.getDrawable(R.drawable.my_image);
```

这个xml片段展示了如何在xml布局文件添加Drawable资源到一个ImageView中。

```
<ImageView
android:layout_width="wrap_content"
android:layout_height="wrap_content"
android:tint="#55ff0000"
android:src="@drawable/my_image"/>
```

接下来讨论第二种方式：使用定义了Drawable属性的xml文件。

在xml文件中定义了Drawable对象以后，即使在代码中实例化了对象，还可以很方便地在xml文件中改变Drawable属性。

一旦在xml文件中定义了Drawable，就要保存在res/drawable/目录下。然后，通过调用Resources.getDrawable()返回并初始化对象，传递xml文件的ID。

下面是定义TransitionDrawable的xml文件：

```
<transition xmlns:android="http://schemas.android.com/apk/res/android">
<item android:drawable="@drawable/image_expand">
<item android:drawable="@drawable/image_collapse">
</transition>
```

该xml文件存储为res/drawable/expand_collapse.xml。下面的代码用Resources.getDrawable传入了该xml文件，从而实例化一个TransitionDrawable对象transition：

```
Resources res = mContext.getResources();
TransitionDrawable transition = (TransitionDrawable)res.getDrawable(R.drawable.expand_collapse);
ImageView image = (ImageView) findViewById(R.id.toggle_image);
image.setImageDrawable(transition);
```

现在可以在代码中运行transition，如下所示：

```
transition.startTransition(1000);
```

4. ShapeDrawable

当需要动态画出一些2D图形时，ShapeDrawable对象会满足需求。ShapeDrawable是Drawable的子类，可以利用ShapeDrawable绘制一些形状作为自定义的视图，然后加到布局中。下面是一个例子。

```
public class CustomDrawableView extends View {
private ShapeDrawable mDrawable;
public CustomDrawableView(Context context) {
super(context);
int x = 10;
int y = 10;
int width = 300;
int height = 50;
mDrawable = new ShapeDrawable(new OvalShape());
mDrawable.getPaint().setColor(0xff74AC23);
mDrawable.setBounds(x, y, x + width, y + height);
}
protected void onDraw(Canvas canvas) {
mDrawable.draw(canvas);
        }
}
```

在构造方法中，ShapeDrawable首先被定义为一个 OvalShape，然后设置颜色和边界。

设置颜色和边界是必须的，如果不设置边界，形状就不会被画出来，同样地，如果不设置颜色，就默认设置为黑色。

有了上面自定义的视图，现在可以在一个Activity中动态地绘制形状。如下所示：

```
CustomDrawableView mCustomDrawableView;
protected void onCreate(Bundle savedInstanceState) {
    super.onCreate(savedInstanceState);
    mCustomDrawableView = new CustomDrawableView(this);
    setContentView(mCustomDrawableView);
}
```

如果希望在xml布局中使用该自定义视图，CustomDrawable类必须重写View(Context, AttributeSet)构造方法。具体可以参看第八章的游戏贪吃蛇部分。CustomDrawableView在布局中的用法如下：

```
<com.example.shapedrawable.CustomDrawableView
android:layout_width="fill_parent"
android:layout_height="wrap_content"
/>
```

5. NinePatchDrawable

NinePatchDrawable 图形是一种可伸展的位图，Android会自动调整其大小以适应其中的内容。使用NinePatch的一种方法是：把NinePatch作为Android按钮背景，这些按钮就可以伸缩以适应字符串长度的变化。NinePatch图片是标准的PNG图片，包括了一个额外的1像素宽的边界，它的扩展名必须为.9.png，且必须保存在工程的res/drawable目录下。

下面是一个xml布局文件，展示了如何将NinePatch图片作为背景添加到一组按钮中。NinePatch图片存储为res/drawable/my_button_background.9.png。

```
<Button id="@+id/tiny"
        android:layout_width="wrap_content"
        android:layout_height="wrap_content"
        android:layout_alignParentTop="true"
        android:layout_centerInParent="true"
        android:text="Tiny"
        android:textSize="8sp"
```

```
        android:background="@drawable/my_button_background"/>
    <Button id="@+id/big"
        android:layout_width="wrap_content"
        android:layout_height="wrap_content"
        android:layout_alignParentBottom="true"
        android:background="@drawable/my_button_background"/>
```

图6-7是示例的效果图，可以发现此处按钮的高度和宽度依据文本和背景的不同而自动调整。

6.7.2 3D图形

Android通过OpenGL的API，尤其是OpenGL ES的API来实现高性能的3D图形绘制功能。OpenGL ES是专为嵌入式设备准备的，由OpenGL扩展而来，OpenGL ES的版本和主流OpenGL标准版本并非一致。Android支持的是OpenGL ES1.0版本，与其联系较大的是OpenGL标准版本1.3。Android提供的OpenGL ES的API和J2ME JSR239 OpenGL ES API比较相似。

下面是如何使用API的说明：

- 创建一个自定义的视图子类。
- 获得OpenGL Context的句柄，该句柄提供了访问OpenGL功能的接口。
- 在自定义视图的onDraw()方法中，获得一个GL对象的句柄，使用它来执行GL操作。

6.7.3 图形相关的类

Android.graphics包中一些重要的类如下：Bitmap、BitmapFactory、Canvas、Matrix、Paint、PixelFormat、PorterDuffXfermode、Rect、RectF、LinearGradient。

图6-7 NinePatch示例效果图

下面来一一介绍。

1. Bitmap类

Bitmap类的帮助文档如下所示：

public final class

Bitmap

extends Object

implements Parcelable

java.lang.Object

  android.graphics.Bitmap

Bitmap类的帮助文档主要包含以下内容。

Public final class：表示是一个公开的类，而且不能有继承者。

extends：表示了这个Bitmap类继承的父类，由于Java不支持多继承，每个类只能有一个父类。这里“android.graphics.Bitmap”继承自“java.lang.Object”。

implements：表示了这个类实现的接口。

下面介绍Bitmap类的一些常用方法。

- static Bitmap createBitmap (Bitmap src)：从源位图获得不可变的位图，新的位图是和源位图相同的对象，也可是其副本，新的位图与原始位图相同的密度。参数src表示源位图。
- static Bitmap createBitmap (int[] colors, int width, int height, Bitmap.Config config)：依据指定宽度和高度，每个像素值设置为颜色数组中的相应值，返回的位图为不可变位图。参数colors 表示颜色数组，用来初始化像素，这个数组大小必须大于width*height；参数width 表示位图宽度；参数height表示位图高度；参数config 表示要创建的位图的配置，如果配置不支持像素alpha (如RGB_565)，在颜色数组colors中将忽略alpha字节。该方法抛出的异常：如果宽度和高度小于等于0，或者，颜色数组的长度少于像素数量，会抛出异常IllegalArgumentException。
- static Bitmap createBitmap (int[] colors, int offset, int stride, int width, int height, Bitmap.Config config)：依据指定宽度和高度，每个像素值设置为颜色数组中的相应值，返回的位图为不可变位图。参数offset：跳过颜色数组第一个颜色的数字值；参数stride：行之间的色彩数目；其他参数与第二种方法类似，抛出的异常也一样。
- static Bitmap createBitmap (Bitmap source, int x, int y, int width, int height, Matrix m,

boolean filter)：通过可选的矩阵变换，从源位图的子集返回一个不可改变的位图。参数source：源位图；参数x：源位图中第一个像素的x坐标；参数y：源位图中第一个像素的y坐标；参数width：每行中的像素个数；参数height：行数；参数m：作用于像素的可选矩阵；参数filter：如果为真，就要过滤源位图；会抛出与第二种方法一样的异常。

- static Bitmap createBitmap (int width, int height, Bitmap.Config config)：依照指定的宽度和高度，返回一个可变的位图。参数与第二种方法一样，抛出的异常也一样。
- static Bitmap createBitmap(Bitmap source, int x, int y, int width, int height)：从指定的源位图的子集返回一个不可改变的位图。参数与第二种方法一样，不会抛出异常。
- public final int getWidth()：返回位图的宽度。
- public final int getHeight()：返回位图的高度。
- public void getPixels (int[] pixels, int offset, int stride, int x, int y, int width, int height)：以像素为单位返回一个位图数据的副本到数组中，每个值是一个int，表示一种颜色。参数pixels：接收位图颜色的阵列参数；offset：写入颜色数组的第一个位置；参数stride: 行之间的像素项数 (必须大于等于位图的宽度)，可以是负数；参数x:读位图的第一个像素的x坐标；参数y: 读位图的第一个像素的y坐标；参数width: 位图宽度；参数height: 位图高度。

2. BitmapFactory类

BitmapFactory的帮助文档如下：

public class

BitmapFactory

extends Object

java.lang.Object

  android.graphics.BitmapFactory

其方法有以下几种。

- static Bitmap decodeResource (Resources res, int id)：返回解码后的位图；若图像数据不能被解码，则返回null。参数res：包括图像数据在内的资源对象；参数id：图像数据的资源ID。
- static Bitmap decodeResource (Resources res, int id, BitmapFactory.Options opts)：如果opts只要求返回大小，则返回解码后的位图；若图像数据不能被解码，则返回null。参

数res和id和上面方法一样，参数opts:图像是否应完全解码，或只是为大小返回。

3. Canvas类

Canvas类拥有“draw”的调用。要画某些东西，需要4个基本组成部分：一个位图来保存像素，画布（Canvas）主宰“draw”的调用（写进位图），原始图纸（如矩形、路径、文本、位图），和paint画笔（以描述图像的色彩和风格）。下面介绍一些重要的方法。

- public void drawARGB（int a, int r, int g, int b）：使用指定的ARGB颜色，填满整个画布上的位图（仅限于当前剪辑）。参数a、r、g、b分别为要画上画布的颜色的alpha、红、绿、蓝值。
- public void drawRoundRect（RectF rect, float rx, float ry, Paint paint）：使用指定的paint，画出圆角矩形。该圆角矩形将以paint的基本风格填补或框上。参数Rect：圆角矩形的边界；参数Rx：用于圆角的x半径；参数Ry：用于圆角的y半径。
- public void drawBitmap（Bitmap bitmap, Rect src, Rect dst, Paint paint）：画出指定的位图，缩放/自动转换，以填补目标矩形。如果源矩形不为null，按照指定位图子集来绘制。参数bitmap：要画的位图；参数src：可以为空，要画的位图的子集；参数dst：要放入位图的矩形；参数paint：可以为空，画笔，用来画位图。
- public void drawRect（float left, float top, float right, float bottom, Paint paint）：使用指定的paint，画出矩形。该矩形将以paint的基本风格填补或框上。参数left、top、right、bottom表示要绘制的矩形的左、高、右、底边，参数paint用来绘制位图的画笔。

4. Matrix类

Matrix类拥有3×3矩阵用来坐标转换。Matrix没有构造函数，所以它必须显式初始化，要么使用复位构造一个单位矩阵，要么使用set函数（如setTranslate，setRotate等）之一。两个方法简单介绍如下。

- public boolean postRotate（float degrees）：使用指定的旋转度数翻转矩阵。
- public boolean preScale（float sx, float sy）：使用指定的尺度处理矩阵。

5. Paint类

Paint类包含有关如何绘制集合图形，文字和位图的样式和颜色的信息。介绍其几个方法。

- public Shader setShader (Shader shader)：清除以前的着色，传递shader设置着色。

参数shader可以为空，新的着色器需要安装在画笔上。

- public Xfermode setXfermode (Xfermode xfermode)：清除任何以前xfermode，使用指定的PorterDuff模式创建一个xfermode并返回。参数xfermode可以为空，新的xfermode模式需要安装在画笔上。

6．Rect类

Rect类包含了一个矩形的4个整数坐标。该矩形的表示是其4边（左、上、右、底）坐标，这些可以直接访问。使用width()和height()可以检索矩形的宽度和高度。注：大多数方法不检查看坐标是否进行了正确排序（即左<=右和顶部<=底部）。利用指定的整型坐标创建一个新的矩形。注：没有执行范围检查，所以调用者必须确保左<=右和顶部<=底部。

7．RectF类

RectF类使一个整型矩形拥有4个浮点型的坐标。该矩形的表示是其4边（左、上、右、底）坐标，这些可以直接访问。使用width()和height()可以检索矩形的宽度和高度。注：大多数方法不检查看坐标是否进行了正确排序（即左<=右和顶部<=底部）。浮点坐标创建一个新的矩形。

8．SurfaceView类

SurfaceView在游戏开发中有着举足轻重的地位，它对于画面的控制有着更大的自由度，SurfaceView和View的明显不同在于Surface不需要通过线程来更新视图，但在绘制之前必须使用lockCanvas方法锁定Canvas，并得到Canvas，然后绘制，完成后用unlockCanvasAndPost方法解锁Canvas。SurfaceView类的事件处理和View一样。

SurfaceView类的公有型方法如下。

- draw（Canvas canvas）：手动提交此视图到指定的画布。
- gatherTransparentRegion（Region region）：当视图层包含一个或多个surfaceView时，由根视图调用其进行优化。
- getHolder（ ）：返回SurfaceHolder对象来控制SurfaceView。
- setVisibility（int visibility）：设置视图是否可见。
- setZOrderMediaOverlay（boolean isMediaOverlay）：控制是否把SurfaceView的Surface置于窗口中另一个常规surfaceview的上面。
- setZOrderOnTop（boolean ontop）：控制是否把surfaceview的surface置于窗口的顶部。

Android的大多数控件都是继承自View的，因此在自定义控件时一般也是继承View类，但是对于高效的、游戏级别的绘图，或者是播放器等要求比较高的地方，就要用到SurfaceView类。比如VideoView类就是SurfaceView类的直接扩展者。使用SurfaceView时，继承SurfaceView类，还必须实现一个SurfaceHolder.Callback接口来指明SurfaceView创建、改变、删除时的回调方法，并且在SurfaceView中通过一个SurfaceHolder对象来控制SurfaceView。

只要继承SurfaceView类并实现SurfaceHolder.Callback接口就可以实现一个自定义的SurfaceView了，SurfaceHolder.Callback在底层的Surface状态发生变化的时候通知View，SurfaceHolder.Callback有如下接口。

- surfaceCreated(SurfaceHolder holder)：当Surface第一次创建后会立即调用该函数。程序可以在该函数中做些和绘制界面相关的初始化工作，一般情况下都是在另外的线程来绘制界面，所以不要在这个函数中绘制Surface。
- surfaceChanged(SurfaceHolder holder, int format, int width,int height)：当Surface的状态（大小和格式）发生变化的时候会调用该函数，在surfaceCreated调用后该函数至少会被调用一次。
- surfaceDestroyed(SurfaceHolder holder)：当Surface被摧毁前会调用该函数，该函数被调用后就不能继续使用Surface了，一般在该函数中来清理使用的资源。

6.8 音频和视频系统

Android平台为各种常见的媒体类型提供了内置的编解码器，因而可以很容易把音频和视频集成到应用程序中去。

Android可以播放3种数据资源类型的音频和视频：

- 可以播放存储在应用程序资源目录里的音频或视频文件。
- 可以播放文件系统里的独立文件。
- 可以播放从网络链接上获得的数据流。

在应用程序里播放音频或者视频文件需要使用MediaPlayer类。

Android平台同样可以录制音频和视频，不过这需要手机硬件支持。录制音频和视频要使用MediaRecoder类。

6.8.1 音频和视频播放

1. 播放存储在资源目录里的文件

这是在应用程序里播放音频或视频的最常用做法，做起来很简单：

- 把声音文件（或者其他的媒体资源文件）放到工程项目的res/raw目录中，Eclipse插件（或者aapt）会找到这个文件并且生成一个特定的资源ID。
- 创建一个MediaPlayer的实例，使用方法MediaPlayer.create()创建实例时,需要传入生成的资源ID，即R.raw.sound_file_1，然后调用start() 方法播放。如下所示：

```
MediaPlayer mp = MediaPlayer.create(context, R.raw.sound_file_1);
mp.start();
```

要停止播放可以调用stop()方法。当停止播放后，如果稍后想重播，必须在MediaPlayer对象再次调用start()之前，先调用reset()和prepare()方法。暂停播放需要调用pause()。当暂停播放后，用start()就可以恢复暂停播放。

2. 从一个文件或流进行播放

可以从文件系统或者一个网络流播放媒体文件：

- 创建一个MediaPlayer的实例；
- 调用setDataSource()方法，其中的参数是String类型，包含了所要播放的文件的路径（本地文件系统路径或者URL）；
- 先调用prepare()，再调用start()即可。

如下所示：

```
MediaPlayer mp = new MediaPlayer();
```

```
mp.setDataSource(PATH_TO_FILE);
mp.prepare();
mp.start();
```

stop()和pause()方法与前面的讨论一样。

注意：mp可能是空，一般好的编程代码会在new后检查空指针异常。另外，在使用setDataSource()的时候，可能会发生IllegalArgumentException 和IOException异常，因为所引用的文件可能是不存在的。最后，如果想要通过URL来访问在线媒体文件，这个文件必须是能连续下载的。

3．JET

Android平台包含了一个JET引擎，这个引擎允许在应用程序中添加JET音频内容以实现交互式播放。可以利用SDK中带有的JetCreator授权创建可以交互式播放的JET内容。管理和播放应用程序中JET的内容需要使用JetPlayer类。

下面是一个例子，讲述的是从一个存储在SD卡里的.jet文件建立JET播放，代码如下：

```
JetPlayer myJet = JetPlayer.getJetPlayer();
myJet.loadJetFile("/sdcard/level1.jet");
byte segmentId = 0;
// queue segment 5, repeat once, use General MIDI, transpose by –1 octave myJet.
queueJetSegment(5, –1, 1, –1, 0, segmentId++);
// queue segment 2 myJet.queueJetSegment(2, –1, 0, 0, 0, segmentId++);
myJet.play();
```

6.8.2　音频采集

从设备中采集音频是一个比音频/视频播放更复杂一点的应用，但是仍然非常简单：

- 创建一个android.media.MediaRecorder的新实例。
- 创建一个android.content.ContentValues的新实例，设置一些标准的属性如TITLE、TIMESTAMP，以及最重要的MIME_TYPE属性。
- 创建数据存储的文件路径（可以用android.content.ContentResolver在内容数据库里创建一个实体，并会自动分配一个可用的路径）。

- 用MediaRecorder.setAudioSource()设置音频来源，这里可能要用到MediaRecorder.AudioSource.MIC。
- 用MediaRecorder.setOutputFormat()设置输出文件格式。
- 用MediaRecorder.setAudioEncoder()设置音频编码。
- 调用MediaRecorder实例中的prepare()方法。
- 调用start()方法启动音频采集。
- 调用stop()方法停止音频采集。
- 使用完毕时，调用release()方法释放。

按照上述步骤，下面的示例展示了音频采集的设定、启动及停止。

下面代码用于设定和启动音频采集：

```
    recorder = new MediaRecorder();
    ContentValues values = new ContentValues(3);
    values.put(MediaStore.MediaColumns.TITLE, SOME_NAME_HERE);
    values.put(MediaStore.MediaColumns.TIMESTAMP,
System.currentTimeMillis());
    values.put(MediaStore.MediaColumns.MIME_TYPE,
recorder.getMimeContentType());
    ContentResolver contentResolver = new ContentResolver();
    Uri base = MediaStore.Audio.INTERNAL_CONTENT_URI;
    Uri newUri = contentResolver.insert(base, values);
    if (newUri == null) {
        /**
        * 这里需要处理异常
        */
    }
    String path = contentResolver.getDataFilePath(newUri);
    recorder.setAudioSource(MediaRecorder.AudioSource.MIC);
    recorder.setOutputFormat(MediaRecorder.OutputFormat.THREE_GPP);
    recorder.setAudioEncoder(MediaRecorder.AudioEncoder.AMR_NB);
    recorder.setOutputFile(path);
    recorder.prepare();
```

```
recorder.start();
```

下面代码用于终止音频的采集：

```
recorder.stop();
recorder.release();
```

6.8.3 VideoView类

VideoView类可以从内容提供器（ContentProvider）或者资源文件夹里加载图像，可以使视频在任意的布局中都能够很好地播放，并且提供各种显示的参数，比如缩放比例和着色处理。这个类的继承结构如下：

```
java.lang.Object
    android.view.View
        android.view.SurfaceView
            android.widget.VideoView
```

因此在使用的时候，和Widget其他的控件使用方法相类似，必须先在layout/XML中定义好VideoView的属性，并在程序里通过findViewById()的方法来获得VideoView对象。现把这个类主要的成员方法列在表6-5中。

表 6-5 Video View类的主要成员方法

Public Methods	返回类型	参数	简单描述
setMediaController	void	MediaController controller	设置播放控制条
seekTo	void	int msec	播放时间定位
setVideoPath	void	String path	设置视频文件路径
setVideoURI	void	Uri uri	设置播放资源定位
start	void		开始播放
resume	void		重新开始播放
pause	void		暂停播放
setOnCompletionListener	void	MediaPlayer.OnCompletionListener	播放完毕回调函数
setOnPreparedListener	void	MediaPlayer.OnPreparedListener	准备完毕回调函数
isPlaying	boolean		确定是否正在播放
getCurrentPosition	int		取得播放状态
getDuration	int		取得已播放的时间

6.9 动画基础

Android平台提供了两类动画，一类是 Tween动画（渐变动画），即通过对场景里的对象不断做图像的变换（如：平移、缩放、旋转）以产生动画效果；第二类是 Frame动画（画面转换动画），即顺序播放事先做好的分成各帧的图像，跟播放电影类似。

6.9.1 Android动画实现方法

在具体介绍这两种动画之前，先来了解一下Android动画的两种实现方法：

- 在XML中配置一个动画，或者配置多个动画，在代码中进行加载，代码如下：
  myAnimation_Alpha = AnimationUtils.loadAnimation(R.anim. alpha_action)。
- 抛开XML，在代码实现中直接定义一个动画，代码如下：

Animation myAnimation_Alpha=new AlphaAnimation(0.1f, 1.0f)。

6.9.2 Tween和Frame动画

1. Tween动画

Tween动画是通过对View的内容完成一系列的图像变换来实现动画效果的，主要的变换是以下几种：透明度改变、旋转、缩放和平移，由4个Animation的子类AlphaAnimation，RotateAnimation，ScaleAnimation，TranslateAnimation来分别实现，相应地在使用XML配置动画时可以使用如下几类标签：

- <alpha> 渐变透明度动画效果。
- <scale> 渐变尺寸伸缩动画效果。
- <translate> 画面位置移动动画效果。
- <rotate> 画面旋转动画效果。

Tween动画节点属性有公有的，也有以上4种特效各自独有的，此处介绍公有节点属性，如表6-6所示。

表6-6 Tween动画的公有节点属性

XML属性	说　明	备　注
Duration	动画持续时间	以毫秒为单位
fillAfter	若设为True值	表示动画转化在动画结束后被应用
fillBefore	若设为True值	表示动画转化在动画开始前被应用
interpolator	指定一个动画插入器	有加速减速型、加速型、减速型和特定型
repeatCount	动画的重复次数	
RepeatMode	定义重复的行为	1表示重新开始，2表示plays backward
startOffset	动画之间的时间间隔	
zAdjustment	定义动画的Z Order	0表示保持Z Order不变，1和－1分别表示保持在最上层和最下层

下面对这4类动画效果各自对应的XML属性进行介绍:

```
<!--透明控制-->
<alpha
android:fromAlpha= "0.1"
android:toAlpha= "1.0"
android:duration= "3000" />
```

其中：fromAlpha/ toAlpha属性为动画起始/结束时透明度；透明度的值取0.0~1.0之间的float类型数据，0.0表示完全透明，1.0表示完全不透明；duration 属性为动画持续时间，以毫秒为单位。

```
<!--缩放控制-->
<scale
android:interpolator= "@android:anim/accelerate_decelerate_interpolator"
android:fromXScale="0.0"
android:toXScale="1.4"
android:fromYScale="0.0"
```

```
android:toYScale="1.4"
android:pivotX="50%"
android:pivotY="50%"
android:fillAfter="false"
android:startOffset="700"
android:duration="700" />
```

其中：accelerate_decelerate_interpolator 是加速—减速动画插入器；fromXScale/fromYScale（toXScale/toYScale）动画起始（结束）时X、Y坐标的伸缩度，0.0表示收缩至没有，1.0表示无伸缩，值小于1.0表示收缩，值大于1.0表示放大；pivotX[float]/pivotY[float]为动画相对于物件的X、Y坐标的开始位置，从0% ~ 100%中取值，50%为物件的X或Y方向坐标上的中点位置。

```
<!--平移控制-->
<translate
android:fromXDelta="30"
android:toXDelta="-80"
android:fromYDelta="30"
android:toYDelta="300"
android:duration="2000"
/>
```

其中：fromXDelta/fromYDelta（toXDelta /toYDelta）是动画起始（结束）时 X,Y坐标的位置。

```
<!--旋转控制-->
<rotate
android:interpolator="@android:anim/accelerate_decelerate_interpolator"
android:fromDegrees="0"
android:toDegrees="+350"
android:pivotX="50%"
android:pivotY="50%"
android:duration="3000"
/>
```

其中：fromDegrees是动画起始时物件的角度，toDegrees是动画结束时物件旋转的角度，可大于360度，为负（正）数表示逆（顺）时针旋转；pivotX / pivotY 属性为动画相对于物件的X坐标/Y坐标的开始位置，需从0% ~100%中取值，50%为物件的X或Y方向坐标上的中点位置。

2. Frame动画

Frame动画是一种逐帧动画，也就是把动画分成很多帧，连贯地展示即成为动画。需要配合AnimationDrawable类来完成Frame动画的实现，Frame动画实现很简单，只需要创建一个AnimationDrawable对象来表示Frame动画，再通过addFrame方法把图像的每一帧显示内容添加进去即可。

Frame动画同样可以在XML中定义，也可以由代码中AnimationDrawable的API定义。其XML属性和Tween动画差异很大，如表6-7所示。

表 6-7 Frame动画的节点属性

XML属性	说　明
drawable	当前帧引用的drawable资源
duration	当前帧显示的时间，以毫秒为单位
oneshot	true表示动画播放一次停止在最后一帧，false表示动画循环播放
variablePadding	True表示允许基于当前状态选择，来改变绘制填充物
visiable	规定drawable的初始可见性，默认是false

此处介绍下在XML中定义的方法：

```
<animation-list xmlns:android="http://schemas.android.com/apk/res/android"
android:oneshot="true">
<item android:drawable="@drawable/a1" android:duration="500" />
<item android:drawable="@drawable/a2" android:duration="500" />
<item android:drawable="@drawable/a3" android:duration="500" />
<item android:drawable="@drawable/a4" android:duration="500" />
<item android:drawable="@drawable/a5" android:duration="500" />
</animation-list>
```

显然每个节点定义一帧动画，包括此帧动画的资源和持续时间。然后在代码实现中用方法setBackgroundResource（R.anim.frameanimation）即可装载布局文件中定义的动画。

6.9.3 动画相关类

1. Animation类及其子类

Animation类派生出了AlphaAnimation、ScaleAnimation、TranslateAnimation、RotateAnimation，AnimationSet等子类。这些类分别实现了平移、旋转、改变Alpha值、动画集等动画，每个子类都在父类的基础上增加了各自独有的属性。图6-8展示了Animation以及其子类的关系类图。

Animation 类的核心工作是做变换(transformation)。Aniamtion 是基类，它记录了动画的通用属性和方法。主要的属性包括动画持续时间、重复次数、interpolator 等。getTransformation (currentTime, outTransformation) 是动画里最重要的方法，该方法根据当前时间 (currentTime) 和动画变化率(interpolator)计算当前的变换，在outTransformation

图6-8 Animation类及其子类的关系类图

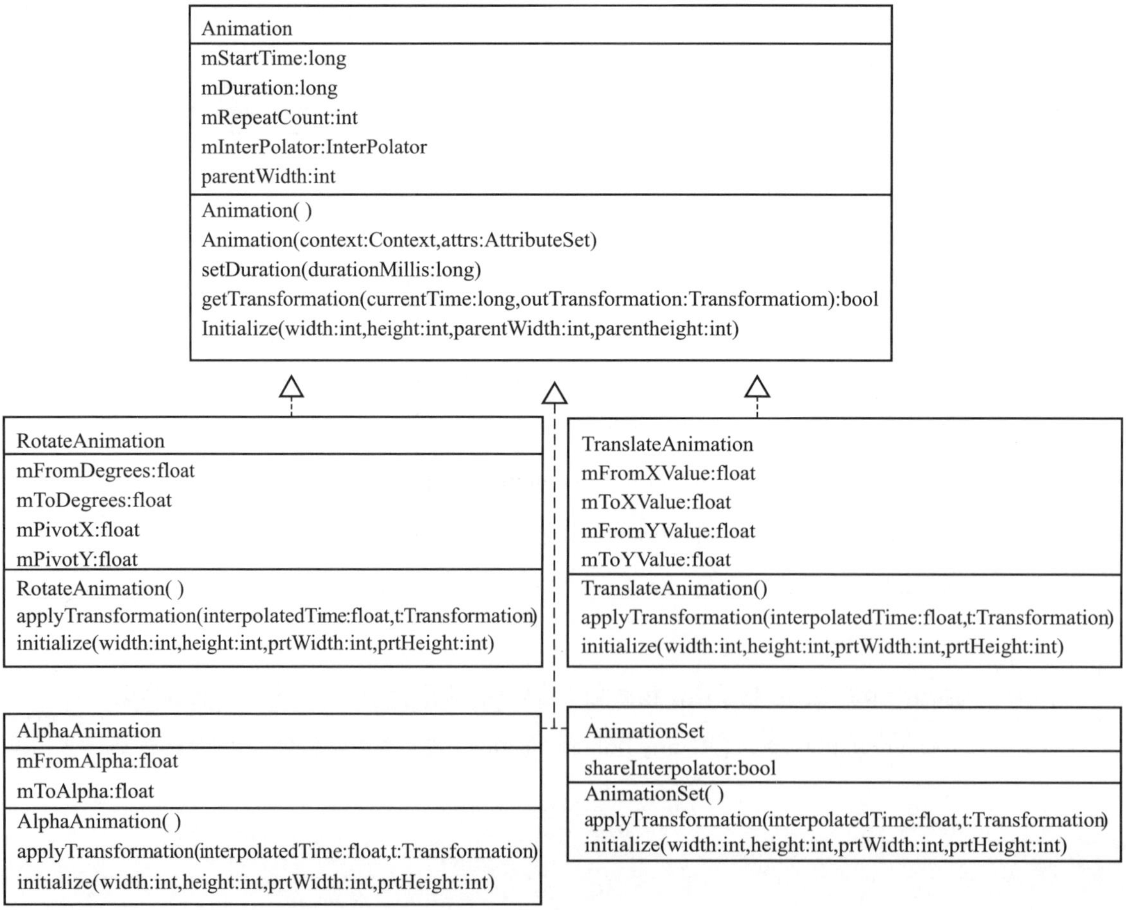

中返回。每个动画都重载了父类的 applyTransformation 方法，这个方法会被父类的 getTransformation 方法调用。另外由 initialize方法完成初始化工作。

2. Interpolator类及其子类

Interpolator类定义一个动画的变化率（the rate of change）。这使得基本的动画效果(alpha、scale、translate、rotate）得以加速、减速、重复等。通俗理解就是：动画的进度使用 Interpolator 控制。Interpolator 定义了动画的变化速度，可以实现匀速、正加速、负加速、无规则变加速等。Interpolator是基类，它只有一个方法，即 get Interpolation（float input）. Android 提供了几个 Interpolator 子类，实现了不同的速度曲线，如表6-8所示。

表 6-8 Interpolator 主要子类

子类名称	速度曲线
AccelerateDecelerateInterpolator	在动画开始与结束处速率改变较慢，在中间处加速
AccelerateInterpolator	在动画开始的地方速率改变比较慢，然后开始加速
CycleInterpolator	动画循环播放特定的次数，速率沿着正弦曲线改变
DecelerateInterpolator	在动画开始的地方速率改变比较慢，然后开始减速
LinearInterpolator	动画以均匀的速率改变

这几个类的相应类图简单表示如下图所示：

3. AnimationDrawable类

AnimationDrawable是一种用来产生逐帧显示动画的对象，由一系列的Drawable对象来定义，还可以用来作为View对象的背景。代码如图6-9所示，其中frameAnimation即为AnimationDrawable的对象：

图6-9 Interpolator及相关子类的关系类图

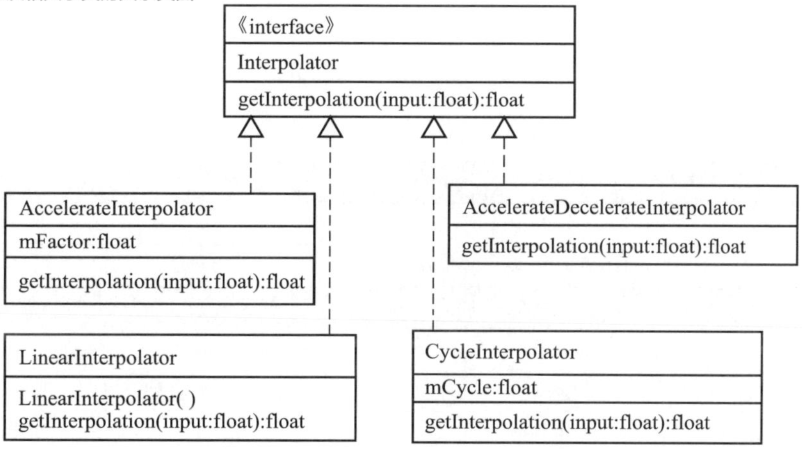

```
/**
* 装载动画各个帧，mBitAnimation即为Drawable的对象，
*/
for (int i = 1; i <= 5; i++)
{
/**
* 把以a1,a2,a3,a4,a5命名的各个帧的图片进行装载
*/
    int id = getResources().getIdentifier("a" + i, "drawable", mContext.getPackageName());
mBitAnimation = getResources().getDrawable(id);
/**
* 各帧显示时间为500毫秒
*/
frameAnimation.addFrame(mBitAnimation, 500);
}
/**
* 设置本类将显示的动画，此即用作背景
*/
this.setBackgroundDrawable(frameAnimation);
```

据Android SDK中提供的参考文档，可以更多地了解该类的相关属性和使用，如表6-9所示。

表 6-9 Animation Drawable 类相关知识

获取、设置动画的属性	
int getDuration()	获取动画的时长
int getNumberOfFrames()	获取动画的帧数
boolean isOneShot()	获取oneshot属性
Void setOneShot(boolean oneshot)	设置oneshot属性
void inflate(Resurce r,XmlPullParser p, AttributeSet attrs)	
增加、获取帧动画	
Drawable getFrame(int index)	获取某帧的Drawable资源
void addFrame(Drawable frame,int duration)	为当前动画增加帧（资源，持续时长）
动画的控制	
void start()	开始动画
void run()	外界不能直接掉调用，使用start()替代
boolean isRunning()	当前动画是否在运行
void stop()	停止当前动画

6.9.4 动画示例中的类

1. Spinner

旋转按钮或称下拉列表按钮Spinner，类似于下拉菜单的功能，可下拉选择其中一项，触发相应事件，并进行处理。Spinner常结合ArrayAdapter使用，ArrayAdapter可以管理一个支持任意对象的列表。如下面代码所示：

```
ArrayAdapter<String> adapter = new ArrayAdapter< String>( this, android.R.layout.simple_spinner_item);
adapter.setDropDownViewResource( android.R.layout.simple_spinner_dropdown_item);
adapter.add("请选下图动画效果");
adapter.add("透明效果展示");
adapter.add("伸缩循环展示");
adapter.add("旋转效果展示");
adapter.add("位移效果展示");
Spinner spinner = (Spinner) findViewById(R.id.Spinner1);
spinner.setAdapter(adapter);
```

Spinner相关的常用API如表6-10所示。

表 6-10 Spinner相关的常用API

方法	说明
getBaseline	返回控件上文字和控件顶部的偏移量
getPrompt	提示语句的获取
Onclick	当对话框中按钮被点击时触发此函数
PerformClick	调用视图的点击监听处理
setOnItemClickListener	Spinner不支持选项点击事件
setPromptId	设置当对话框显示时即显示提示语

2. Menu

Menu的两种实现方法：XML布局实现和代码实现。

XML布局来实现菜单：onCreateOptionsMenu()中用MenuInfalte来实现菜单的加载；onOptionsItemSelected()中对菜单选中相应项时进行相应的处理。

应用程序中直接代码实现菜单：在onCreateOptionsMenu()中用menu.add()添加各菜单

项；同样也是在onOptionsItemSelected()中进行相应处理代码的编写。

此外，Menu相关还有一些其他函数，比如，addSubMenu()可以在原菜单中增加子菜单项，etGroupEnabled()设置特定菜单组的所有菜单项是否能够使用。

这里有一个Menu菜单的例子，用的是直接代码添加Menu控件的方法。代码如下：

```
/**
* 建立menu：返回初始界面和退出应用程序，并做出相应处理
*/
@Override
public boolean onCreateOptionsMenu(Menu menu) {
    /**
    * TODO Auto-generated method stub
    */
    menu.add(0, 1, 1, R.string.reback);
    menu.add(0, 2, 2, R.string.exit);
    return super.onCreateOptionsMenu(menu);
}
@Override
public boolean onOptionsItemSelected(MenuItem item) {
    /**
    * TODO Auto-generated method stub
    */
    if(item.getItemId()==1)
    {
        onCreate(null);
    }
    if(item.getItemId()==2)
    {
        Activity02.this.finish();
    }
    return super.onOptionsItemSelected(item);
}
```

3．Gallery

Gallery类可以实现很绚丽的拖动效果，在很多智能手机上均有应用。其在XML文件中代码如下：

```
<?xml version="1.0" encoding="utf-8"?>
<Gallery
xmlns:android="http://schemas.android.com/apk/res/android"
 android:id="@+id/Gallery01"
 android:layout_width="fill_parent"
 android:layout_height="fill_parent"
/>
```

需要一个容器来存放Gallery显示的图片，可在一个继承BaseAdapter类的派生类中来进行实现。

Gallery其实是一种视图，以一种中间锁定水平轴列表显示各个项。其中主要的几个方法如下：

- onTouchEvent 实现这个方法来控制触摸屏上的事件触发。
- setAdapter给Gallery对象添加ImageAdapter。
- setBackgroundResource 设置Gallery的背景图。
- setOnItemClickListener当所列项被点击时触发的监听方法。
- LayoutParams是Gallery中各所列项布局尺寸参数的设定方法。
- onKeyUp默认的实现按键事件的方法。

4．Toast

Toast是一种包含快速简短提示语的信息视图。一句代码即可实现一个简单提示语对话框，可以自动消失。例如设定到一定时间给一个提示，可以用如下代码：

```
Toast.makeText(context, "注意：你设置的时间到了",
          Toast.LENGTH_LONG).show();
```

其中，makeText()生成一个标准的toast，仅包含一个文本框；show()在特定的时间展示这个toast视图。

本章小结

本章从Android平台及其架构开始，依次介绍了Android应用开发流程及开发工具、用户界面、文件系统、数据存储、网络、图形显示、音频和视频系统和动画基础。介绍了Android的主要特色，给出了Android SDK方面的知识。这些知识要点包括：

（1）Android架构包括4层，分别是：Linux内核、库及Android运行时、应用程序框架、应用程序。

（2）Android应用程序开发需要遵循一定的流程，并需要掌握如何使用开发工具。

（3）用户界面是视图和视图组的层次组合，其中的视图提供了方法和实现事件机制。

（4）Android虽然基于Linux内核，但其文件系统和Linux有一定的差别。

（5）Android的数据存储有4种方式：Shared Preferences、Internal Storage、External Storage、SQLite Databases。

Android中的图形显示分为2D和3D，本章着重介绍2D图形的显示和一些重要的类，是后续章节手机动画和手机游戏的开发基础；音频和视频部分介绍音视频的播放和采集；动画部分介绍Tween动画和Frame动画，这是后续章节手机动画的基础知识；网络部分着重介绍了WiFi和蓝牙。

习题

1. Android平台的主要特色有哪些?
2. 简述Android软件开发程序包（SDK）。
3. 说明Android的系统架构，并列举其提供的核心库。
4. 列举应用程序框架层包含的基础应用集合。
5. 简述利用Eclipse开发应用程序的一般流程。
6. 列举Android提供的各种开发工具，并做简单说明。
7. 说明Android平台的用户界面基本单元、事件机制和常用布局样式。

8. 列举出 Android 根目录下的文件，然后运行文件系统示例验证。

9. 请创建一个 SQLite 数据库，用于存储学生姓名和学号：<张三，10910001>、<李四，10910002>、<王五，10910003>。

10. 请利用 Eclipse 开发工具实现 WiFi 的打开和关闭。

11. 请利用 Eclipse 开发工具实现音频采集。

12. 说明 Android 中创建蓝牙连接所需的类。

13. 简述 Android 中绘制 2D 图形的方式。

第七章 手机动画

如果没有动画，手机应用会黯然失色。手机动画应用是各种移动平台不可或缺的应用之一。手机动画业务是指采用交互式矢量图形技术制作多媒体动画内容，并通过移动互联网提供下载、播放等功能的一种服务。手机动画业务采用矢量图形技术作为内容的呈现形式，传统的flash每秒是24帧图片，而手机动画一般每秒是6到8帧图片，当然这和手机的网络速度有关系。

Android 平台提供了两类动画：Tween动画和Frame 动画。在前面的章节中，对Android动画开发基础和一些类进行了详细描述，本章在这个基础上开发了两个应用示例，分别是Tween动画展示器和Frame动画展示器。

7.1 Tween动画展示器

7.1.1 功能分析

本例要实现一个Tween动画展示器。在开始一个工程项目前，首先必须要知道该项目将要实现的产品的功能需求。将要实现的Tween动画展示器所要具有的功能如下：

- 拥有四种动画播放效果；
- 可以在4种动画效果中任意选择一种播放；
- 可以在初始界面显示初始图片；
- 在动画播放完后可以返回初始界面；
- 拥有退出应用程序的菜单。

Android中的Tween动画效果主要有Alpha、Scale、Translate、Rotate4种，包含这4种动画效果是本项目产品Tween动画展示器的最基本功能；除这个最基本的功能，在进入Tween动画展示器的最初始的界面时，可以看到用于动画的最初始的图片，也是必不可少的；由于有4种动画效果，在每次展示完一个动画效果后，能够返回最初始的界面；最后，当用户想要退出应用程序Tween动画展示器时，可以很方便地退出整个应用程序。

7.1.2 项目设计

1. 模块划分

基于第一节提到的Tween动画展示器必须具备的5大功能，可以细分出该动画展示器的功能模块。如表7–1所示。

表7-1 展示器功能模块划分

模块名称	说明
4种动画效果实现	具体地实现Tween动画的4种效果
选择播放效果	实现在4种动画效果中任选一种播放
界面实现	使得播放效果选择和初始图片呈现在界面上
MENU菜单	返回初始界面和退出应用程序

2. 程序流程图和状态转换图

依据划分后的模块，可以得到程序运行的流程图，如图7-1所示。当运行应用程序时，进入初始界面，就可以选择播放动画或者退出该应用程序；当选择播放某种效果动画的时候，进入播放动画的界面；播放动画完毕后，进入播放完毕界面，这时，可以选择返回初始界面或者退出整个应用程序。

除了程序流程图，还要分析程序实际运行的流程，即状态转换图。表7-2所示是程序运行过程中出现的4种状态。

表7-2 Tween动画状态

状态名称	说明
选择动画	初始界面，选择播放何种效果动画
选择菜单	显示返回或退出菜单
动画播放	播放动画
完毕状态	动画播放完毕后的状态

图7-2所示则是程序状态转换图。进入初始界面，在该界面中要求用户选择4种动画效果中的一种；当选择某种动画效果后，动画开始播放，即进入了动画播放状态；当动画播放完毕后，程序停留在播放完毕状态，这时可以触发菜单；进入选择菜单状态后，可以选择返回初始界面，即选择动画状态。

图7-1 程序流程图

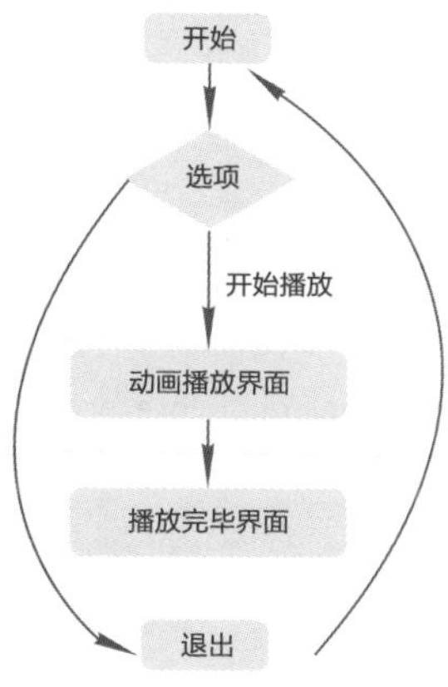

图7-2 Tween动画状态转换图

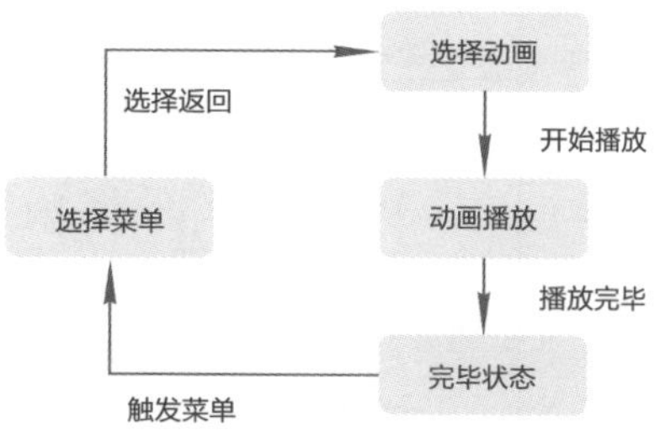

3. 4种动画效果模块设计

要Tween动画展示器拥有4种动画播放效果，可以单独定义一个类，在其中定义4种动画效果的属性，并创建4种方法分别实现4种动画效果的播放功能，如图7–3所示。

实现4种动画效果播放的类可以定义为TweenAnimatin；在类TweenAnimatin中，Alpha动画 、Scale动画、Translate动画、Rotate动画4种动画属性皆为Animation类型，同时，该类具有一个构造函数TweenAnimatin，利用该构造函数可以在创建对象的同时加载原始的图片资源，在Android中加载图片资源的方法如下所示：

```
Bitmap bitmap=((BitmapDrawable)getResources().getDrawable(R.drawable.tween)).
getBitmap();
```

当加载完该图片资源后，可以利用onDraw方法在画布上绘制该图片，绘制方法如下所示：

```
canvas.drawBitmap(bitmap, 70, 100, null);
```

当上述准备工作完成后，就是4个创建动画、播放动画的方法，这4个方法的实现既可以用纯Java代码实现，也可以在XML文件中实现并加载。这4个方法功能是：

- alpha()：实现透明功能；
- scale()：实现放大或缩小功能；
- rotate()：实现旋转功能；
- translate()：实现位移功能。

4. 选择播放效果模块设计

要希望Tween动画展示器可以在4种动画效果中任意选择一种播放，可以在界面中嵌入4个按钮：Alpha 、Scale、Translate、Rotate，当单击这4个按钮中的任何一个的时候，就

图 7–3　TweenAnimatin类图

类名
TweenAnimatin
属性
Alpha: Animation Scale: Animation Translate: Animation Rotate: Animation
方法
TweenAnimatin(con: Context) onDraw(canvas: Canvas) alpha() scale() rotate() translate()

会触发点击按钮事件，从而在方法setOnClickListener中调用类TweenAnimatin中的相应方法alpha()、scale()、rotate()、translate()以实现动画播放的功能。当然，也可以使用其他方法，这里，使用下拉列表控件Spinner来实现：首先实现一个ArrayAdapter< String>类型的adapter，在这个adapter中添加以下内容“请选择一种动画效果”、“透明效果展示”、“伸缩循环展示”、“旋转效果展示”、“位移效果展示”，然后取出布局文件中的下拉列表控件Spinner，并把该adapter传递给Spinner，在setOnItemSelectedListener方法中调用TweenAnimatin中的相应方法alpha()、scale()、rotate()、translate()就可以实现动画的播放。Spinner实现的图示如图7-4所示。

5．界面模块设计

播放效果模块设计部分用Spinner实现。Spinner是选择动画效果用户接口，必须放在界面中，同时，要在初始界面上显示初始图片。于是，一个简单的布局如图7-5所示。

对于原始图片的显示，可以在布局文件中添加ImageView，然后在代码中取出并加载最初始的图片。

6．MENU菜单模块设计

可以利用menu来实现返回初始界面和退出应用程序。在方法onCreateOptionsMenu中添加两个选项“返回”、“退出”，如下所示：

```
menu.add(0, 1, 1, R.string.reback);
menu.add(0, 2, 2, R.string.exit);
```

在方法onOptionsItemSelected中，分别对选择“返回”和“退出”进行相应的处理。要实现返回初始界面功能，可以使用：

```
onCreate(null);
```

要实现退出应用程序功能，可以使用以下方法：

```
finish();
```

图7-4　选择播放效果Spinner实现

图7-5　界面布局

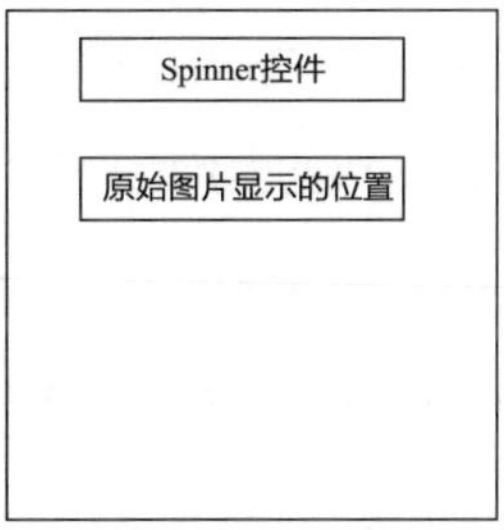

7.1.3 项目实现

经过以上两节的分析，现在就可以来实现整个项目了。

1．创建工程

选择File→New→Project开始创建工程，Project name为08_01_Tween，Build Target选为Android 2.1-update1，Application name为tween，Package name为ex.pro.tween，Create Activity为tween，min SDK version里面填“7”。

2．TweenAnimatin类的实现

按照前面的设计，要新建一个类TweenAnimatin，该类放在源代码目录src的同一包ex.pro.tween中。注意一点，动画的创建和播放有两种实现方式，本项目对这两种实现方式都予以运用。对Alpha动画和Rotate动画，都先在XML文件中实现，然后再加载到代码中，对Scale动画和Translate动画，则直接使用纯Java代码实现。

下面的代码是<alpha>动画布局，fromAlpha表示起始透明度，toAlpha表示结束透明度，duration表示动画的持续时间。

```
<?xml version="1.0" encoding="utf-8"?>
<set xmlns:android="http://schemas.android.com/apk/res/android" >
<alpha
android:fromAlpha="0.1"
android:toAlpha="1.0"
android:duration="2000"
/>
</set>
```

如下代码是<rotate>动画布局，interpolator指定了动画插入器，fromDegrees是动画起始时图片的角度，toDegrees动画结束时图片旋转的角度，可大于360度，负(正)数表示逆（顺）时针旋转，pivotX / pivotY 属性为动画相对于图片的X坐标/Y坐标的开始位置，需从0% ~100%中取值，50%为图片的X或Y方向坐标上的中点位置。

```
<?xml version="1.0" encoding="utf-8"?>
<set xmlns:android="http://schemas.android.com/apk/res/android">
<rotate
```

```
android:interpolator="@android:anim/accelerate_decelerate_interpolator"
        android:fromDegrees="0"
        android:toDegrees="+360"
        android:pivotX="50%"
        android:pivotY="50%"
        android:duration="1000" />
  </set>
```

Tween动画的实现和图形显示关系密切，同时，Android平台也为动画实现提供了一些必需的包，于是，要实现类TweenAnimatin，就要导入一些与图形和动画相关的包。如下所示：

```
import android.content.Context;
import android.graphics.Bitmap;
import android.graphics.Canvas;
import android.graphics.drawable.BitmapDrawable;
import android.view.View;
import android.view.animation.Animation;
import android.view.animation.AnimationUtils;
import android.view.animation.ScaleAnimation;
import android.view.animation.TranslateAnimation;
```

下面来介绍类TweenAnimatin具体的实现代码。

首先定义Alpha动画 、Scale动画、Translate动画、Rotate动画这4种动画属性，然后利用构造函数TweenAnimatin加载原始的图片资源，并利用onDraw方法在画布上绘制该图片，代码如下所示：

```
/**
 * 定义Alpha动画、Scale动画、Translate动画、Rotate动画
*/
private Animation Alpha = null;
private Animation Scale = null;
private Animation Translate = null;
private Animation Rotate = null;
 /**
* 定义Bitmap对象
```

```
    */
    Bitmap bitmap = null;
    Context context = null;
    public TweenAnimatin(Context con){
        super(con);
        context = con;
        /**
        * 装载资源
        */
        bitmap = ((BitmapDrawable)getResources().getDrawable(R.drawable.tween)).get-
Bitmap();
    }
    public void onDraw(Canvas canvas)
    {
        super.onDraw(canvas);
        /**
        * 绘制图片
        */
        canvas.drawBitmap(bitmap, 70, 100, null);
    }
```

动画实现有两种方式，在本例中，alpha()动画和rotate()动画皆利用布局实现，前面已有介绍，这里只需要使用loadAnimation方法装载相应的动画布局，然后，即可利用startAnimation方法开始播放。代码如下所示：

```
    public boolean alpha()
    {
        /**
        * 装载动画布局
        */
        Alpha =AnimationUtils.loadAnimation(context,R.layout.alpha_animation);
        /**
        * 开始播放动画
```

```
        */
        this.startAnimation(Alpha);
        return true;
    }
    public boolean rotate()
    {
        /**
        * 装载动画布局
        */
        Rotate =AnimationUtils.loadAnimation(context,R.layout.rotate_animation);
        /**
        * 开始播放动画
        */
        this.startAnimation(Rotate);
        return true;
    }
```

本例中scale()动画和translate()动画直接在Java代码中实现，实现方法分别为ScaleAnimation和TranslateAnimation ，当动画创建完成后，需要用setDuration方法设置动画的时间，最后才能使用startAnimation方法播放动画。代码如下所示：

```
    public boolean scale()
        {
                /**
                * 创建Scale动画
                */
                Scale =new ScaleAnimation(0.0f, 1.0f, 0.0f, 1.0f,
                            Animation.RELATIVE_TO_SELF, 0.5f,
                            Animation.RELATIVE_TO_SELF, 0.5f);
                /**
                * 设置动画的时间
                */
                Scale.setDuration(2000);
```

```
        /**
        * 开始播放动画
        */
        this.startAnimation(Scale);
        return true;
    }
    public boolean translate()
    {
        /**
        * 创建Translate动画
        */
        Translate = new TranslateAnimation(10, 150,10, 150);
        /**
        * 设置动画的时间
        */
        Translate.setDuration(1000);
        /**
        * 开始播放动画
        */
        this.startAnimation(Translate);
        return true;
    }
```

3. 布局及Spinner的实现

按照设计中的布局要求，在资源目录res下，修改布局目录layout中的main文件，实现布局。在该布局中，首先申明了一个下拉列表控件Spinner用于控制4种动画效果的选择，然后声明了一个ImageView类型的控件以便显示初始的图片。代码如下所示：

```
<?xml version="1.0" encoding="utf-8"?>
<AbsoluteLayout
xmlns:android="http://schemas.android.com/apk/res/android"
    android:orientation="vertical"
```

```
    android:layout_width="fill_parent"
    android:layout_height="fill_parent"
    >
  <Spinner
  android:id="@+id/Spinner1"
  android:layout_width="wrap_content"
  android:layout_height="wrap_content"
  android:foreground="@drawable/blue"
  android:layout_x="10px"
  android:layout_y="40px"
  />
  <ImageView
  android:id="@+id/myImageView1"
  android:layout_width="wrap_content"
  android:layout_height="wrap_content"
  android:layout_x="10px"
  android:layout_y="100px"
  />
</AbsoluteLayout>
```

在编写其余部分代码之前，要先添加图片资源tween.png至资源目录，在资源目录res中，可以看到drawable-hdpi（高分辨率）、drawable-ldpi（低分辨率）、drawable-mdpi（中等分辨率）3个分辨率不同的存放图片资源的目录，这里，把名为“tween.png”的图像拖动到高分辨率drawable-hdpi目录即可。

现在回到源代码目录src下的tween文件中，在该文件中，需要导入一些包。要实现menu菜单，需要导入Menu和MenuItem包；要实现Spinner，当然要导入Spinner包；另外，还需要导入AdapterView、ArrayAdapter等包；要显示初始图片，就要导入ImageView包，如下所示：

```
import android.app.Activity;
import android.os.Bundle;
import android.util.Log;
import android.view.Menu;
import android.view.MenuItem;
```

```
import android.view.View;
import android.widget.AdapterView;
import android.widget.ArrayAdapter;
import android.widget.ImageView;
import android.widget.Spinner;
import android.widget.AdapterView.OnItemSelectedListener;
```

在类tween中，首先定义一个TweenAnimatin类型的对象，以便在后续位置调用其动画播放的方法；同时，定义一个ImageView类型的对象，以便显示初始图片。接下来，则是下拉列表控件Spinner的实现。这里，首先定义ArrayAdapter< String> 类型的adapter，再把该adapter传递给Spinner，并利用方法setOnItemSelectedListener实现动画的播放。具体实现参考如下代码：

```
private TweenAnimatin tweenAnimation;
private ImageView   ImageView1     = null;
/** Called when the activity is first created. */
@Override
public void onCreate(Bundle savedInstanceState) {
    super.onCreate(savedInstanceState);
    setContentView(R.layout.main);
    tweenAnimation = new TweenAnimatin(this);
    ImageView1 = (ImageView)findViewById(R.id.myImageView1);
    ImageView1.setImageResource(R.drawable.tween);
    /**
    * 播放模式的设定，调用下拉列表控件Spinner来实现
    */
    ArrayAdapter< String> adapter = new ArrayAdapter< String>(
    this,
    android.R.layout.simple_spinner_item);
    adapter.setDropDownViewResource(
    android.R.layout.simple_spinner_dropdown_item);
    adapter.add("请选择一种动画效果");
    adapter.add("透明效果展示");
```

```
adapter.add("伸缩循环展示");
adapter.add("旋转效果展示");
adapter.add("位移效果展示");
Spinner spinner = (Spinner) findViewById(R.id.Spinner1);
spinner.setAdapter(adapter);
spinner.setPrompt("动画效果选择");
spinner.setOnItemSelectedListener(new OnItemSelectedListener() {
@Override
public void onItemSelected(
AdapterView< ?> parent,
View view,
int position,
long id)
{
    Spinner spinner = (Spinner) parent;
    Log.v("Test", "id = " + id + "("
    + spinner.getSelectedItem().toString() + ")");
    if(spinner.getSelectedItem().toString()=="透明效果展示")
    {
        setContentView(tweenAnimation);
        if ( tweenAnimation == null )
        {
        }
        tweenAnimation.alpha();
    }
    else if(spinner.getSelectedItem().toString()=="伸缩循环展示")
    {
        setContentView(tweenAnimation);
        if ( tweenAnimation == null )
        {
        }
```

```
            tweenAnimation.scale();
        }
        else if(spinner.getSelectedItem().toString()=="旋转效果展示")
        {
            setContentView(tweenAnimation);
            if ( tweenAnimation == null )
            {
            }
            tweenAnimation.rotate();
        }
        else if(spinner.getSelectedItem().toString()=="位移效果展示")
        {
            setContentView(tweenAnimation);
            if ( tweenAnimation == null )
            {
            }
            tweenAnimation.translate();
        }
        else{}
    }
    @Override
    public void onNothingSelected(AdapterView< ?> parent)
    {
    }
    });

}
```

4．菜单实现

在实现“返回”和“退出”菜单之前，先修改资源目录下的strings.xml文件，主要是添加reback、exit两个键值对，代码如下：

```
<?xml version="1.0" encoding="utf-8"?>
<resources>
    <string name="hello">Hello World, tween!</string>
    <string name="app_name">tween</string>
    <string name="reback">返回</string>
    <string name="exit">退出</string>
</resources>
```

在方法onCreateOptionsMenu中利用add方法添加两个菜单“返回”、“退出”，这里引用了strings.xml文件中的相应ID：R.string.reback和R.string.exit。代码如下所示：

```
@Override//实现返回和退出菜单
    public boolean onCreateOptionsMenu(Menu menu) {
        // TODO Auto-generated method stub
        menu.add(0, 1, 1, R.string.reback);
        menu.add(0, 2, 2, R.string.exit);
        return super.onCreateOptionsMenu(menu);
    }
```

在方法onOptionsItemSelected中，分别对选择“返回”和“退出”进行相应的处理。要是应用程序返回初始界面，使用onCreate方法，并传入null；退出应用程序，使用finish方法即可。代码如下所示：

```
@Override//点击菜单，以便返回和退出
    public boolean onOptionsItemSelected(MenuItem item) {
        // TODO Auto-generated method stub
        if(item.getItemId()==1)
        {
            onCreate(null);
        }
        if(item.getItemId()==2)
        {
            tween.this.finish();
        }
        return super.onOptionsItemSelected(item);
    }
```

7.2 Frame动画展示器

7.2.1 功能分析

本项目将要实现Frame类型的动画播放。将要实现的Frame动画展示器所要具有的功能如下：

- 可以播放Frame类型动画；
- 具有选择播放的菜单；
- 在动画播放完后可以返回初始界面；
- 拥有退出应用程序的菜单。

作为Frame动画展示器，可以播放Frame类型的动画是该产品的最基本功能。和Tween动画展示器类似，在进入Frame动画展示器的最初始的界面时，应该拥有一个不错的界面，在该界面中，应具有选择播放的功能，例如，有8个Frame动画，可以任意选择一个播放；在每次展示完动画效果后，能够返回到最初始的界面；当用户想要退出应用程序Frame动画展示器时，可以很方便地退出整个应用程序。

7.2.2 项目设计

1. 模块划分

通过对Frame动画展示器进行相关功能分析，知道本项目将要实现的Frame动画展示器要具有4大功能。这和Tween动画展示器类似。下面针对这些功能，划分出该展示器的模块。如表7-3所示。

模块名称	说明
Frame动画实现	具体地实现Frame动画
选择播放	实现在众多Frame动画中任选一种播放
界面布局	实现界面的布局
MENU菜单	返回初始界面和退出应用程序

表7-3 展示器功能模块划分

2．程序流程图和状态转换图

依据上面划分的模块，可以得到程序流程图，如图7–6所示。当运行应用程序时，进入初始界面，在该界面中，可以选择播放哪一个动画，或者触发菜单弹出菜单项并退出应用程序；当选择播放某种动画的时候，进入播放动画的界面，该展示器播放Frame动画，而且是一直不停地播放，这点与Tween动画展示器不同，注意区别；由于Frame动画不会停止，故需要人为地触发菜单，从而退出整个应用程序或者返回初始界面。

与Tween动画展示器类似，程序流程图完成后，还要分析程序实际运行的流程，即状态转换图。表7–4是程序运行过程中出现的3种状态。

状态名称	说明
选择动画	初始界面，选择播放哪一个动画
选择菜单	显示返回或退出菜单
动画播放	播放动画

表7-4 Frame动画状态

图7–7所示是程序状态转换图。该状态转换图较Tween动画展示器的转换图简单。进入初始界面，在该界面中选择某一个动画播放；当选择某个动画后，动画开始播放，即进入了动画播放状态；动画会一直不停播放，故需要触发菜单，以进入选择菜单状态，在该状态下，可以选择返回初始界面，即选择动画状态。

图7–6 程序流程图

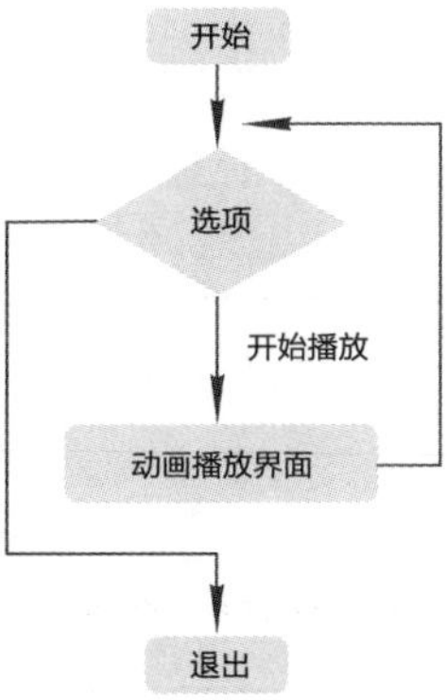

图7–7 Frame动画状态转换图

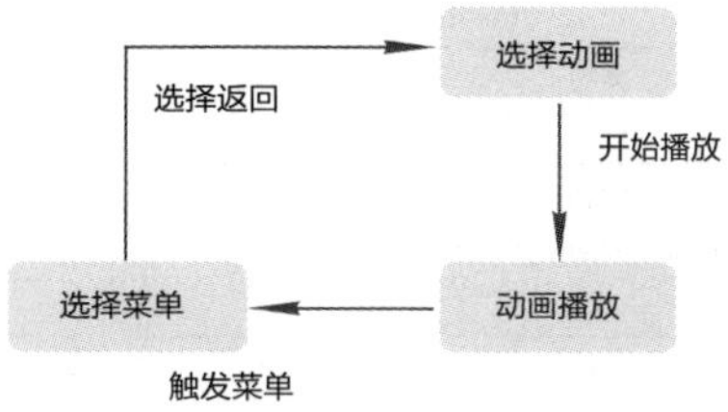

3. Frame动画模块设计

设计Frame动画展示器可以播放相应类型动画，即Frame动画，可以单独定义一个类FrameView，在其中创建一个AnimationDrawable对象，然后通过addFrame方法把每一帧要显示的内容添加进去，最后通过start方法启动动画的播放。如图7–8所示。

在类FrameView中，属性中除了AnimationDrawable之外，还有drawable，drawable用于加载动画播放的各帧图片。

该类将拥有两个方法，分别是：

FrameView(c:Context,name:char,num:int)

onKeyUp()

FrameView是一个构造函数，利用该构造函数可以在创建对象的同时加载动画的各个帧，加载的方法是addFrame；onKeyUp方法中存在启动动画的方法start()，故可以被调用从而启动动画。

4. 选择播放模块设计

在本例中，使用了Gallery。在Gallery中，可以做出很炫的可随意拖动图片的效果，在其中加入一系列图片，当点击相应图片时，就会播放相应的动画。这样就实现了选择播放这个模块的功能。

要在Gallery中添加图片，首先要定义一个容器ImageAdapter，然后把图片放入该容器ImageAdapter中，最后通过setAdapter方法把容器交给Gallery即可。所以先来考虑类ImageAdapter的定义。如图7–9所示。

ImageAdapter是一个容器类，它首先要继承BaseAdapter。属性ImageIds是Integer类型的数组，用于存放图片的ID。

图 7–8　FrameView类图

类名
FrameView
属性
frameAnimation: AnimationDrawable drawable: Drawable
方法
FrameView(c: Context,name: char,num: int) onKeyUp()

图7–9　ImageAdapter类图

类名
ImageAdapter
属性
ImageIds: Integer[]
方法
ImageAdapter(c: Context) getCount() getItem(position: int) getItemId(position: int) getView(position: int, convertView: View, parent: ViewGroup)

图片容器类ImageAdapter拥有的方法比较多，各方法如下所示。

ImageAdapter(c：Context)：构造方法。

getCount()：获得容器内的图片数。

getItem(position:int)：获取图片的ID。

getItemId(position:int)：获取图片的ID。

getView(position:int, convertView:View, parent:ViewGroup)：获得ImageView。

5．界面设计

如图7-10所示。该布局一目了然，只有一个Gallery，它占据了整个手机界面。在这个Gallery中，可以加入一系列图片，从而实现选择播放的功能。

6．MENU菜单模块设计

与前面的Tween动画展示器类似，这里不多赘述。

7.2.3　项目实现

本节内容将讲述Frame动画展示器的具体实现问题。

1．创建工程

选择File->New->Project开始创建工程，Project name为08_02_Frame，Build Target选为Android 2.1-update1，Application name为frame，Package name为ex.pro.frame，Create Activity为frame，min SDK version里面填“7”。

图7-10　Frame动画界面布局

2. FrameView类的实现

在源代码目录src的包ex.pro.frame下，新建一个类FrameView，在该类中首先要导入相应的包。如下所示：

```
import android.content.Context;
import android.graphics.drawable.AnimationDrawable;
import android.graphics.drawable.Drawable;
import android.view.View;
```

然后在其中创建一个AnimationDrawable对象，并在构造方法FrameView(Context c,char name,int num)中，通过addFrame方法装载动画的各个帧。代码如下所示：

```
/**
*定义动画控件
*/
private AnimationDrawable frameAnimation      = null;
Context context= null;
/**
* 定义Drawable对象
*/
Drawable drawable= null;
/**
* 自定义构造函数
*/
public FrameView(Context c,char name,int num)
{
   super(c);
   String name1;
   context = c;
   frameAnimation = new AnimationDrawable();
   name1=name+" ";
   /**
   * 装载动画各个帧
```

```
    */
    for (int i = 1; i <= num; i++)
    {
        int id=getResources().getIdentifier(name1 + i, "drawable", context.getPackage
Name());
            drawable = getResources().getDrawable(id);
            /**
            * 各帧显示时间为500毫秒
            */
            frameAnimation.addFrame(drawable, 500);
        }
        /**
        * 设置动画的播放模式为循环模式
        */
        frameAnimation.setOneShot( false );
        /**
        * 设置本类将显示的动画
        */
        this.setBackgroundDrawable(frameAnimation);
    }
```

最后在方法onKeyUp()中，添加start（ ）方法，以便当onKeyUp()被调用时，可以启动动画的播放。代码如下：

```
public boolean onKeyUp()
{
    frameAnimation.start();//开始播放动画
    return true;
}
```

3．ImageAdapter类的实现

同样地，在源代码目录src的包ex.pro.frame下，新建一个类ImageAdapter，由于ImageAdapter要继承BaseAdapter，故要导入类BaseAdapter。代码如下所示：

```
import android.content.Context;
import android.view.View;
import android.view.ViewGroup;
import android.widget.BaseAdapter;
import android.widget.Gallery;
import android.widget.ImageView;
```

在该类中，最重要的是要定义Integer数组，并在定义之初，就赋值那些要放入容器的图片的ID；接下来，则是实现功能的方法，包括了构造方法ImageAdapter、获得容器内图片数的getCount、获取图片ID的getItem以及返回图片视图的getView。注意：这里要先加载图片到资源目录中，方法与前一节类似。具体实现代码如下所示。

```
/**
* 定义Context
*/
private Context context;
/**
* 定义Integer数组图片源
*/
private Integer[]       ImageIds =
{
        R.drawable.img1,
        R.drawable.img2,
        R.drawable.img3,
        R.drawable.img4,
        R.drawable.img5,
        R.drawable.img6,
        R.drawable.img7,
        R.drawable.img8,
};
public ImageAdapter(Context c)
{
    context = c;
}
```

```
    public int getCount()
    {
        return ImageIds.length;
    }
    public Object getItem(int position)
    {
        return position;
    }
    /**
    * 获取图片ID
    */
    public long getItemId(int position)
    {
        return position;
    }
    public View getView(int position, View convertView, ViewGroup parent)
    {
        ImageView imageview = new ImageView(context);
        imageview.setImageResource(ImageIds[position]);
        /**
        * 给ImageView设置图片源
        */
        imageview.setLayoutParams(new Gallery.LayoutParams(120, 120));
        imageview.setScaleType(ImageView.ScaleType.FIT_CENTER);
        return imageview;
    }
}
```

4．界面及Gallery实现

依据前面的设计，布局只有一个Gallery，它占据了整个手机界面。为实现这一设计，对资源目录src中的布局文件main.xml进行修改，修改后代码如下所示：

```
<?xml version="1.0" encoding="utf-8"?>
<Gallery
xmlns:android="http://schemas.android.com/apk/res/android"
   android:id="@+id/Gallery01"
   android:layout_width="fill_parent"
   android:layout_height="fill_parent"
/>
```

在源代码目录src的frame.java文件中，正式实现frame类之前，先要导入Gallery、Toast、Menu等。代码如下所示：

```
import android.app.Activity;
import android.os.Bundle;
import android.view.Menu;
import android.view.MenuItem;
import android.view.View;
import android.widget.AdapterView;
import android.widget.Gallery;
import android.widget.Toast;
import android.widget.AdapterView.OnItemClickListener;
```

然后定义一个FrameView类型的动画对象mGameView，以便在后续代码中启动动画；接下来，在onCreate方法中，定义并获得布局文件中的Gallery对象g，并把容器ImageAdapter传递给Gallery对象，同时，实现方法setOnItemClickListener，以便在触发Gallery中某一图片时，可以启动相关动画。代码如下所示：

```
/** Called when the activity is first created. */
/**
* 定义动画类的对象
*/
private FrameView mGameView;
@Override
public void onCreate(Bundle savedInstanceState) {
    super.onCreate(savedInstanceState);
```

```
    setContentView(R.layout.main);
/**
* 定义并获得Gallery对象
*/
Gallery g = (Gallery) findViewById(R.id.Gallery01);
/**
* 添加ImageAdapter给Gallery对象
*/
g.setAdapter(new ImageAdapter(this));
/**
* 设置Gallery控件的事件监听
*/
g.setOnItemClickListener(new OnItemClickListener() {
        public void onItemClick(AdapterView<?> parent, View v, int position, long id)
        {
        Toast.makeText(frame.this,"第"+(position+1)+" 号动画即将展示",
               Toast.LENGTH_SHORT).show();
/**
* 针对不同的选择，做出相应的处理
*/
        switch(position+1)
        {
        case 1:
             mGameView = new FrameView(frame.this,'a',5);
             setContentView(mGameView);
             if ( mGameView == null )
             {return;}
             mGameView.onKeyUp();
             break;
        case 2:
             mGameView = new FrameView(frame.this,'b',2);
```

```
        setContentView(mGameView);
        if ( mGameView == null )
        {return;}
        mGameView.onKeyUp();
        break;
    case 3:
        mGameView = new FrameView(frame.this,'c',5);
        setContentView(mGameView);
        if ( mGameView == null )
        {return;}
        mGameView.onKeyUp();
        break;
    case 4:
        mGameView = new FrameView(frame.this,'d',6);
        setContentView(mGameView);
        if ( mGameView == null )
        {return;}
        mGameView.onKeyUp();
        break;
    case 5:
        mGameView = new FrameView(frame.this,'e',4);
        setContentView(mGameView);
        if ( mGameView == null )
        {return;}
        mGameView.onKeyUp();
        break;
    case 6:
        mGameView = new FrameView(frame.this,'f',4);
        setContentView(mGameView);
        if ( mGameView == null )
        {return;}
```

```
                mGameView.onKeyUp();
                break;
            case 7:
                mGameView = new FrameView(frame.this,'g',6);
                setContentView(mGameView);
                if ( mGameView == null )
                {return;}
                mGameView.onKeyUp();
                break;
            case 8:
                mGameView = new FrameView(frame.this,'h',2);
                setContentView(mGameView);
                if ( mGameView == null )
                {return;}
                mGameView.onKeyUp();
                break;
            default:
                break;
            }
        }
    });
```

5．菜单实现

与前面的Tween动画展示器类似，这里不多赘述。

本章小结

本章应用 Android SDK 设计并实现了 Tween 动画和 Frame 动画两个典型应用实例。在对两个应用实例进行详细的功能分析的基础上，给出了两个动画应用实例的设计，包括：模块划分、程序流程图和状态转换图、动画效果模块设计、选择播放效果模块设计、界面模块设计、MENU 菜单模块设计等。这两个实例虽然都比较简单，但是为 Android 动画程序设计打下了必要基础。读者要想开发出一款更为复杂的手机动画应用，需要在实践中学习和掌握更多的知识和技能。

动画是游戏开发的基础之一，手机游戏是一类重要的移动多媒体应用。第 8 章将分析一款简单小游戏《贪吃蛇》，并介绍如何在手机游戏中应用动画知识和技能。

习题

1. 为什么说手机动画应用是 Android 平台不可或缺的应用之一？请说明。
2. Android 动画有两种实现方法，本章示例只用到其中一种方法，请利用另外一种方法重新实现本章示例程序。
3. Tween 动画展示器利用下拉列表控件 Spinner 来控制 4 种动画效果的选择，请考虑如何使用其他控件实现该功能。
4. Frame 动画展示器利用控件 Gallery 来选择播放的动画，请尝试使用其他的控件来实现该功能。
5. 请指出 Tween、Frame 动画展示器设计实现部分不完善的地方，并说明如何修改。

第八章

手机游戏

《贪吃蛇》是一款经典的小游戏，在这个游戏中，玩家控制着游荡在花园中的“贪吃蛇”寻找苹果，当贪吃蛇找到并吃掉一个苹果后，贪吃蛇本身会变长，移动速度会变快。游戏失败条件是：贪吃蛇撞上了自身或者墙壁。本章将以Android示例程序《贪吃蛇》为例，来讲解Android中游戏开发的具体步骤，并对该游戏进行详细的分析和代码实现。

8.1 功能分析

Android游戏的策划形式有很多种，本示例将从功能需求和游戏创意两方面来加以说明。

1．功能需求

贪吃蛇游戏有多种版本，一般的游戏情况是：有一个封闭的墙壁，这个墙壁限制了贪吃蛇的移动范围；在游戏启动时，会出现一个初始的贪吃蛇，以及一个或一些随机出现的苹果；然后，玩家通过“上”、“下”、“左”、“右”按键控制贪吃蛇移动去吃苹果，每当贪吃蛇吃掉一个苹果后，会再次随机出现一个苹果；当贪吃蛇撞上墙壁或者自身时，游戏失败；在此过程中，还会记录玩家的得分情况，显示某些提示信息。

通过上面的描述，可以知道贪吃蛇这个游戏的一般功能需求，包括：

- 封闭的墙壁，用于限制贪吃蛇的移动范围；
- 游戏启动时，有一个最初的贪吃蛇和苹果；
- 按键控制蛇的移动；
- 吃到苹果后，要随机再放置一个苹果；
- 撞上墙和贪吃蛇自身后游戏失败；
- 记录玩家得分情况；
- 能提示用户游戏状态发生变化。

如图8-1所示。

2．游戏创意

上节讨论了贪吃蛇的功能需求问题，接下来，在考虑这些具体功能实现之前，首先应该考虑的是如何来显示墙壁、贪吃蛇和苹果。其实，这个问题不是很复杂，墙壁、贪吃蛇和苹果只能是以图片形式显示在手机屏幕上，而图片是由像素组成的。把整个屏幕等分成若干方格，在屏幕最外围的所有方格内填上同样的图片（例如，绿色的方形图片）组成墙壁，类似的，苹果和贪吃蛇也是由某种颜色的方形图片组成。如表8-1所示，这里初步确定了贪吃蛇、苹果和墙壁的颜色组成。

表8-1 贪吃蛇游戏创意

名　称	图片颜色
贪吃蛇头	黄色
贪吃蛇身	红色
苹果	黄色
墙壁	绿色

现在再看看贪吃蛇的功能需求，由于有了上面的创意，这些功能的实现都不是很复杂。苹果随机出现，只需要通过随机数方法，产生一个随机数，并使得随机数与屏幕上的某个方格对应，然后在这个方格中，绘制出代表苹果的方形图片即可。按键控制、记录得分、显示提示等功能则在程序中进行分析。

图8-1　贪吃蛇游戏功能需求

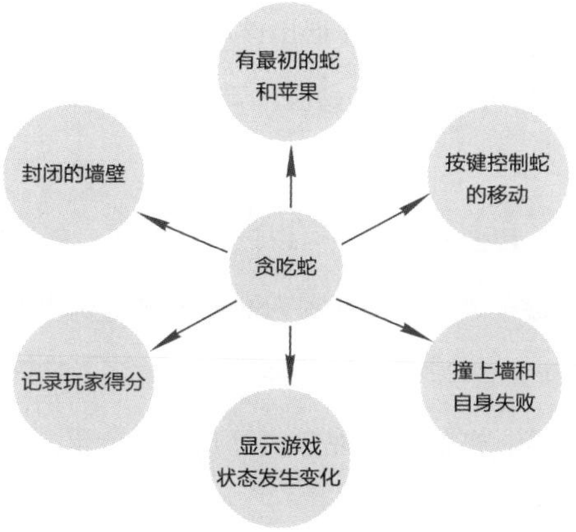

8.2 概要设计

1. 模块划分

在上节中，讨论了贪吃蛇游戏的功能需求，在功能需求的基础上，进一步考虑了游戏的实现问题，提出了游戏的创意。基于这些功能需求和创意分析，可以细分出贪吃蛇游戏的功能模块。如表8–2所示。

表 8-2 贪吃蛇游戏功能模块划分

模块名称	说明
屏幕等分	把整个屏幕等分成若干方格
实现更新	实现并更新墙壁、贪吃蛇、苹果
界面实现	实现游戏界面
游戏控制	启动、关闭、暂停游戏
资源加载	加载图片

2. 程序流程图和状态转换图

依据划分后的模块，可以得出程序运行总流程图，如图8–2所示。当运行应用程序时，进入初始界面，就可以选择开始游戏或者退出该游戏；当选择开始游戏，进入游戏运行的界面；游戏失败，进入游戏结束界面，这时，可以选择重新开始游戏或者退出整个应用程序。

进入游戏运行界面后，其程序流程还可以进一步细化，如图8–3所示。当游戏开始时，贪吃蛇就要移动，贪吃蛇每移动一步，都要判断是否撞上墙或者自身，如果撞上则游戏失败，如果没撞上，则要继续判断是否吃到了苹果，如果吃到了苹果，则要随机出现一个苹果。

程序流程图分析完成后，还要分析程序实际运行的流程，即状态转换图。表8–3是程序运行过程中出现的4种状态。

表8-3 贪吃蛇游戏状态

状态名称	说明
游戏入口	游戏开始入口，游戏失败后重新开始入口
游戏运行	游戏运行状态
游戏失败	游戏失败后的状态
游戏暂停	游戏被暂停的状态

图8-4是程序状态转换图。进入初始界面，可以选择开始游戏；当游戏开始运行时，用户可以暂停游戏，并可以从暂停状态返回；当游戏运行失败时，游戏进入游戏失败状态，这时用户可以选择重新开始游戏，并从游戏入口进入游戏。

3. 屏幕等分模块设计

可以定义一个类TileView，将整个屏幕分成大小相等的方格。于是，自定义一个控件，使其继承自View，该控件将整个屏幕分成大小相等的方格，呈现网格状，如图8-5所示。

图8-2 程序总流程图

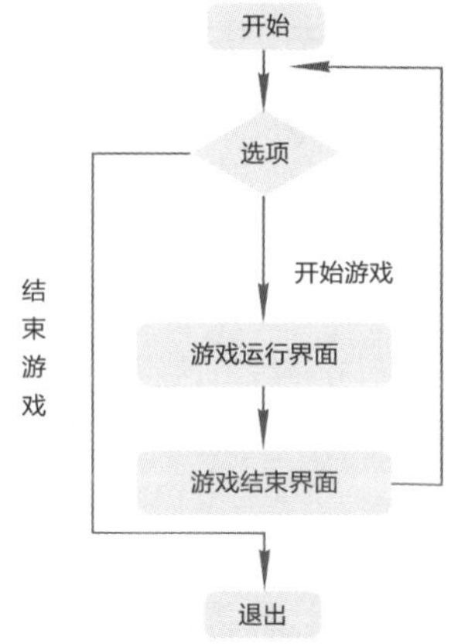

图8-3 游戏运行细化流程图

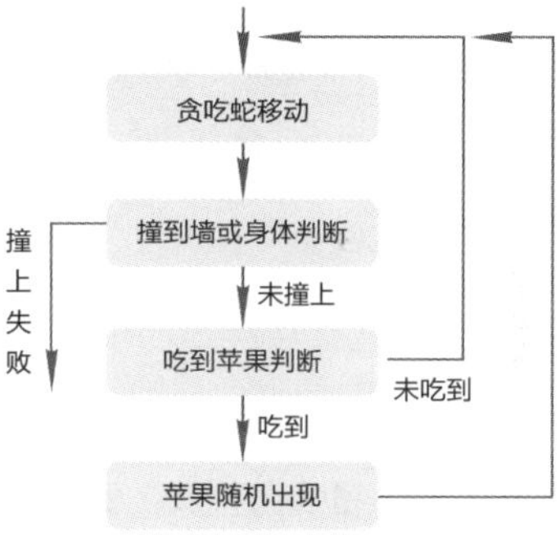

图8-4 贪吃蛇游戏状态转换图

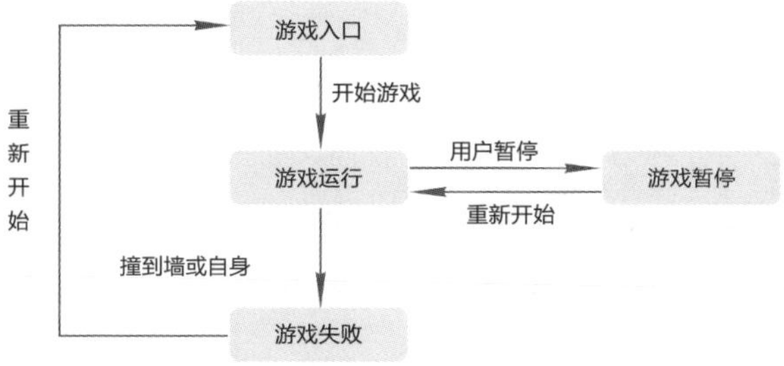

图8-5 屏幕等分示意图

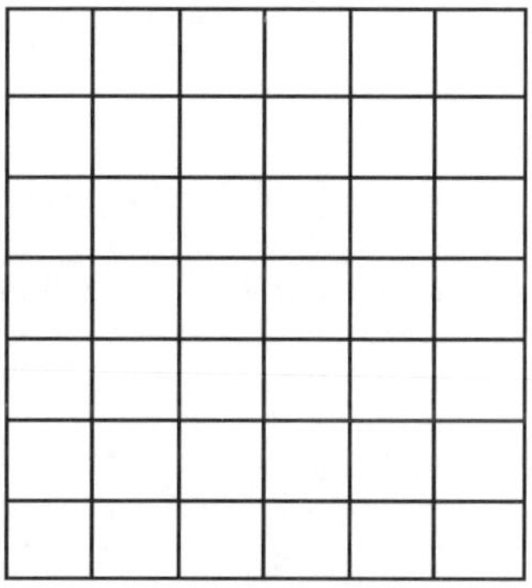

在这个类中需要定义一些属性，如下所示：

- mTileSize：int，每个方格的尺寸大小。
- mXTileCount：int，整个屏幕上*X*方向的方格数量。
- mYTileCount：int，整个屏幕上*Y*方向的方格数量。
- mXOffset：int，屏幕边缘和网格之间*X*方向像素偏差。
- mYOffset：int，屏幕边缘和网格之间*Y*方向像素偏差。
- mTileArray：Bitmap[]，存储在游戏策划小节提到的图片。
- mTileGrid：int[][]，网格中方格。
- mPaint：Paint，绘制位图的画笔。

mTileSize是每个方格的尺寸大小，可以自定义。例如，12×12的方格其尺寸大小为12；mXTileCount和mYTileCount分别是整个屏幕上*X*/*Y*方向的方格数量。例如，手机屏幕像素为240×360，每个方格的尺寸为12，那么，*X*方向上的方格数量为20，*Y*方向上的方格数量为30。前面的例子，其手机屏幕像素和尺寸是刚好整除，假如不能整除，就需要mXOffset和mYOffset这两个属性了，这两个属性指出了屏幕边缘和由方格组成的网格之间的偏差；mTileArray是位图阵列类型，用于存储在游戏策划小节提到的某些方格型的图片；mTileGrid是二维整形阵列，二维指的是*X*和*Y*坐标，其中存储的数字指示了该方格将要绘制何种方格图片；mPaint是画笔类变量，当在画布上绘制位图时，要用到该变量。

自定义控件通常有属性，这些属性不是View或者ViewGroup（该控件类是继承于View或者ViewGroup）所定义的属性，这时，可以在\res\values里面的attrs.xml中定义。

例如，可以在\res\values里面的attrs.xml自定义TileView类的方格尺寸属性，该属性的名称为tileSize，格式为整数，如下所示：

```
<resources>
  <declare-styleable name="TileView">
    <attr name="tileSize" format="integer" />
  </declare-styleable>
</resources>
```

然后，在某方法中给方格尺寸赋值，如下所示：

```
TypedArray a = context.obtainStyledAttributes(attrs, R.styleable.TileView);
mTileSize = a.getInt(R.styleable.TileView_tileSize, 12);
a.recycle();
```

TileView类同样需要定义一些方法，如下所示：

- TileView(context : Context, attrs : AttributeSet, defStyle : int);
- TileView(context : Context, attrs : AttributeSet);
- resetTiles(tilecount : int);
- onSizeChanged(w : int, h : int, ioldw : int, oldh : int);
- loadTile(key : int, tile : Drawable);
- clearTiles();
- setTile(tileindex : int, x : int, y : int);
- onDraw(canvas : Canvas)。

TileView是构造方法，在该方法中，可以在构造对象的同时，获取自定义的属性，为变量赋值；resetTiles方法的作用就是创建位图阵列，以便存储某些方形图片，这些方形图片用于组成墙壁、贪吃蛇和苹果；onSizeChanged方法的作用是针对手机屏幕像素的差异而设计的，该方法通过手机屏幕的宽高（以像素计算）来计算屏幕网格的划分，通过该方法，可以计算出屏幕上*X*/*Y*方向的方格数量（mXTileCount和mYTileCount）、屏幕边缘和由方格组成的网格之间的偏差（mXOffset和mYOffset）；方法loadTile的作用就是为相应的整型key载入相应的方形位图图片，该方法把整型key和某些图片对应，当引用这些整形key的时候，就间接引用了这些位图图片，这些图片最终是存储在位图阵列中的；方法setTile的作用是标记相应方格的坐标，以便指示在该方格处绘制何种图片，以构成墙壁或者贪吃蛇或者苹果；方法clearTiles的作用是把所有的方格的标签都清为0，也就是任意方格中都是空的，如果屏幕背景为黑色，就是一片黑色区域；onDraw方法的作用是在网格中的每个方格中，绘制出相应的位图。

同样定义一个类SnakeView，该类将实现墙壁、贪吃蛇和苹果的更新问题。

按照前面的介绍，实现和更新只能在等分后的网格中进行，所以只能在类TileView的基础上设计，于是，可以让SnakeView继承TileView。

SnakeView类中要求定义一些属性，如下所示：

- String TAG = "SnakeView";
- int mMode = READY;
- int PAUSE = 0;
- int READY = 1;
- int RUNNING = 2;
- int LOSE = 3;
- int mDirection = NORTH;

- int mNextDirection = NORTH;
- int NORTH = 1;
- int SOUTH = 2;
- int EAST = 3;
- int WEST = 4;
- int RED_STAR = 1;
- int YELLOW_STAR = 2;
- int GREEN_STAR = 3;
- long mScore = 0;
- long mMoveDelay = 600;
- long mLastMove;
- TextView mStatusText;
- ArrayList<Coordinate> mSnakeTrail = new ArrayList<Coordinate>();
- ArrayList<Coordinate> mAppleList = new ArrayList<Coordinate>()。

TAG：是final型的字符串，其值为"SnakeView"。

mMode：游戏的状态，通常有停止、准备运行、运行中和游戏失败4种状态。

PAUSE、READY、RUNNING、LOSE：皆是 static final int类型，其值分别是0、1、2、3，表示游戏的4种状态：停止、准备运行、运行中和游戏失败。

mDirection：贪吃蛇当前移动的方向，初始值可以设为NORTH。

mNextDirection：贪吃蛇下一次移动的方向，初始值也可以设为NORTH。

NORTH、SOUTH、EAST、WEST：皆是 static final int类型，其值分别是1、2、3、4，表示贪吃蛇要转向的方向，分别是北、南、东、西。

RED_STAR、YELLOW_STAR、GREEN_STAR：皆是 static final int类型，其值分别是1、2、3，这3个值可以作为标签使用，例如，把网格中的某个方格标签为1，那么该方格就要载入红色的方形位图图片，当然在这之前，要把红色的方形图片和标签RED_STAR对应在一起；类似的，要把黄色的方形图片和标签YELLOW_STAR、绿色的方形图片和标签GREEN_STAR对应在一起。

mScore：用于记录贪吃蛇吃到的苹果数量，这个数量就是玩家的游戏得分。

mMoveDelay：贪吃蛇移动的时间延迟，单位为毫秒，随着贪吃蛇吃的苹果数量的增加，时间延迟将减少，于是贪吃蛇的移动速度将加快。

mLastMove：记录贪吃蛇上次移动停止的时间，以决定贪吃蛇下一次的移动。

mStatusText：状态文本，用于把某些运行状态显示给用户。

mSnakeTrail：组成贪吃蛇身体的坐标列，指示着贪吃蛇在网格中的位置，依据这些坐标，就可以绘制出贪吃蛇。

mAppleList：苹果的坐标列，和mSnakeTrail类似，指示着苹果在网格中的位置，依据这些坐标，就可以绘制出苹果。

同样地，SnakeView类定义了一些方法，以实现贪吃蛇的相关操作，如下所示：

- SnakeView(context : Context, attrs : AttributeSet)，构造方法，用于创建对象。
- SnakeView(context : Context, attrs : AttributeSet, defStyle：int)，构造方法，用于创建对象。
- initSnakeView()，为位图阵列载入3个方形小图片，并与整型图片标签RED_STAR、YELLOW_STAR、GREEN_STAR关联。
- initNewGame()，游戏开始时，要初始化游戏，载入最初的贪吃蛇，同时，要随机添加苹果。
- coordArrayListToArray(cvec : ArrayList<Coordinate>) : int[]，给定一个坐标对象阵列，通过该方法可以把该坐标阵列转化为整型数组，例如，有一个坐标对象$\{(x_1,y_1),(x_2,y_2),(x_3,y_3)\cdots\}$，通过该方法，可以转化为一个数组$a[x_1,y_1,x_2,y_2,x_3,y_3\cdots]$。
- saveState() : Bundle，当游戏进程被杀死后，避免丢失信息，要保存游戏状态。
- coordArrayToArrayList(rawArray : int[]) : ArrayList<Coordinate>，与方法coordArrayListToArray作用相反，通过该方法可以把整型数组转化为坐标阵列。例如，有一个数组$a[x_1,y_1,x_2,y_2,x_3,y_3\ldots]$，通过该方法，可以转化为一个坐标对象$\{(x_1,y_1),(x_2,y_2),(x_3,y_3)\ldots\}$。
- restoreState(icicle : Bundle)，当游戏因为某些原因暂停，然后游戏进程重新启动时，要从bundle中取出游戏状态的各个属性值，并重新赋值各个属性。
- onKeyDown(keyCode : int, msg : KeyEvent) : boolean，处理游戏中的按键事件，更新贪吃蛇的移动方向。例如，让贪吃蛇向北（NORTH）移动，要注意的一点是，不管向哪个方向移动，忽略那些向贪吃蛇自身移动的事件。
- setTextView(newView : TextView)，设置文本，诸如给出游戏结束的信息等。
- setMode(newMode : int)：更新当前游戏的状态（运行中、停止等），同时，设置通知的文本给用户可见。
- addRandomApple()，选择当前未被贪吃蛇占据的某个随机位置，放置苹果。
- update()，处理最基本的更新环节，检查游戏是否处于运行中，决定贪吃蛇是否移动，如果移动，则需要更新墙壁、更新贪吃蛇的位置、更新苹果的位置。

- updateWalls()，更新墙壁。
- updateApples()，更新苹果的位置。
- updateSnake()，更新贪吃蛇的位置。

另外，SnakeView中还有其他一些成员，例如随机发生器和一些内部类，如下所示：

- Random RNG = new Random()，随机发生器，利用它产生随机数，从而达到可以随机放置苹果位置的目的。
- class RefreshHandler extends Handler{}，创建一个简单的handler，让动画发生。
- class Coordinate{}，二维坐标类，坐标分别是两个整型变量x、y，其中还有一个对比方法，用于检测坐标是否一样，同时，还有一个字符串转化方法用于把坐标转换成字符串。

4．界面布局设计

FrameLayout是最简单的布局方式。在一个空白屏幕上，用一个简单的对象对其进行填充即可。贪吃蛇这个游戏的布局就是利用FrameLayout，在空白屏幕上直接添加SnakeView这个自定义的控件。同时，为了能够显示游戏状态，要在FrameLayout布局当中添加RelativeLayout布局，并在RelativeLayout布局当中添加TextView控件，如图8–6所示。

5．游戏控制模块设计

游戏控制模块程序名为snake，snake同时可以作为应用程序名。在类snake中，定义了以下两个属性：

- mSnakeViewSnakeView : SnakeView。该属性的定义，是为了从布局中取出自定义控件SnakeView。

图8–6　贪吃蛇界面布局示意图

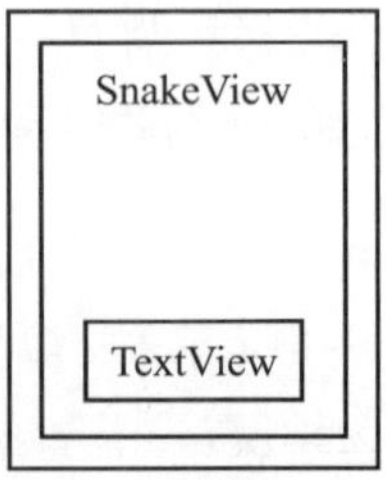

- ICICLE_KEY = "snake-view" : String 。方便某些方法引用。
- onCreate(Bundle savedInstanceState)。在该方法中，可以设置窗口的某些属性，例如不需要标题。同时，可以取出SnakeView控件，对其进行某些操作，例如，程序启动时要设置游戏状态为“准备运行”，重新进入程序时要从bundle取出游戏状态重新保存至各属性。
- onPause()。设置游戏状态为停止。
- onSaveInstanceState(Bundle outState)。保存游戏状态到bundle。

6．美工制作

在游戏策划部分提到，用方形小图片来组成墙壁、贪吃蛇和苹果，这里，方形小图片制作就需要美工人员参与了。贪吃蛇这个游戏的美工相对简单，制作的图片如表8-4所示。

表 8-4 美工制作

图 片 名	大小（像素）	图
redstar.png	32 × 32	
yellowstar.png	32 × 32	
greenstar.png	32 × 32	

8.3 代码分析

下面分析贪吃蛇游戏的代码。

1．TileView类代码分析

按照设计部分的要求，需要实现多个属性及多个方法，由于这些属性和方法涉及位图绘制，所以要导入Bitmap、Canvas、Paint、Drawable等类。8.2节介绍了自定义控件属性的相关特性，于是要导入Context、AttributeSet等类，TileView继承View类，所以也要导入View类。参看如下代码：

```
import android.content.Context;
import android.content.res.TypedArray;
import android.graphics.Bitmap;
import android.graphics.Canvas;
import android.graphics.Paint;
import android.graphics.drawable.Drawable;
import android.util.AttributeSet;
import android.view.View;
```

TileView是界面的整体视图，用于处理“图标”阵列和其他图片阵列。下面分析其具体实现的代码。

mTileSize是每个方格的尺寸大小；mXTileCount和mYTileCount分别是整个屏幕上*X*/*Y*方向的方格数量；如果手机屏幕像素和尺寸不是刚好整除，mXOffset和mYOffset这两个属性指出了屏幕边缘和由方格组成的网格之间的偏差；mTileArray是位图阵列类型，用于存储在游戏策划小节提到的某些方格形的图片；mTileGrid是二维整形阵列，二维指的是*X*和*Y*坐标，其中存储的数字指示了该方格将要绘制何种方格图片；mPaint用于绘制位图。属性的实现代码如下所示：

```
/**
 * 这些变量用于控制方格尺寸和范围，
 * 尺寸的宽/高（Width/Height）都以像素计算，
 * 图片都要设置形状以满足这些尺寸，
 * mXTileCount和mYTileCount分别是整个屏幕中X和Y方向方格的数量
 */
protected static int mTileSize;
protected static int mXTileCount;
protected static int mYTileCount;
private static int mXOffset;
private static int mYOffset;
/**
 * 位图阵列
 * A hash that maps integer handles specified by the subclasser to the drawable that will be
 * used for that reference
 */
private Bitmap[] mTileArray;
/**
 * 二维整形阵列，其中存储的数字指示了该方格将要绘制何种方格图片
 */
private int[][] mTileGrid;
private final Paint mPaint = new Paint();
```

TileView类有两个构造方法。在这两个方法中，先调用父类的构造方法，即super(context, attrs, defStyle)或者super(context, attrs)；然后在构造对象的同时，取出自定义的属性tileSize，给变量赋值。代码如下：

```
public TileView(Context context, AttributeSet attrs, int defStyle)
{
        super(context, attrs, defStyle);
        TypedArray a = context.obtainStyledAttributes(attrs, R.styleable.TileView);
        mTileSize = a.getInt(R.styleable.TileView_tileSize, 12);
```

```
        a.recycle();
    }
    public TileView(Context context, AttributeSet attrs) {
        super(context, attrs);
        TypedArray a = context.obtainStyledAttributes(attrs, R.styleable.TileView);
        mTileSize = a.getInt(R.styleable.TileView_tileSize, 12);
        a.recycle();
    }
```

方法resetTiles的作用是创建位图阵列，以便存储某些方形图片，这些方形图片用于组成墙壁、贪吃蛇和苹果。代码如下：

```
    /**
     * 创建位图阵列Bitmap[]
     * @变量：tilecount
     */
    public void resetTiles(int tilecount) {
        mTileArray = new Bitmap[tilecount];
    }
```

onSizeChanged方法的作用是为了应对手机屏幕像素的差异而设计的，该方法通过手机屏幕的宽高（以像素计算）来计算屏幕网格的划分，通过该方法，可以计算出屏幕上*X*/*Y*方向的方格数量（mXTileCount和mYTileCount）、屏幕边缘和由方格组成的网格之间的偏差（mXOffset和mYOffset）。代码如下所示：

```
    @Override
    protected void onSizeChanged(int w, int h, int oldw, int oldh)
    {
        mXTileCount = (int) Math.floor(w/mTileSize);
        mYTileCount = (int) Math.floor(h/mTileSize);
        mXOffset = ((w - (mTileSize * mXTileCount)) / 2);
        mYOffset = ((h - (mTileSize * mYTileCount)) / 2);
        mTileGrid = new int[mXTileCount][mYTileCount];
        clearTiles();
    }
```

方法loadTile的作用是为相应的整型key关联相应的方形位图图片，该方法把整型key和某些图片对应，当引用这些整形key的时候，就间接引用了这些位图图片，这些图片最终存储在位图阵列中。代码如下所示：

```
/**
 * 为特定key关联图片
 * @param key
 * @param tile
 */
public void loadTile(int key, Drawable tile) {
    Bitmap bitmap = Bitmap.createBitmap(mTileSize, mTileSize, Bitmap.Config.
ARGB_8888);
    Canvas canvas = new Canvas(bitmap);
    tile.setBounds(0, 0, mTileSize, mTileSize);
    tile.draw(canvas);
    mTileArray[key] = bitmap;
}
```

方法clearTiles的作用是把所有的方格的标签都清为0，也就是任意方格中都是空的，没有填充任何方形图片，如果屏幕背景为黑色，就是一片黑色区域。代码如下：

```
/**
 * 重置所有的方格标签为0
 */
public void clearTiles() {
    for (int x = 0; x < mXTileCount; x++) {
        for (int y = 0; y < mYTileCount; y++) {
            setTile(0, x, y);
        }
    }
}
```

方法setTile的作用是标记相应方格的坐标，以便指示该方格处绘制何种图片，以构成墙壁或者贪吃蛇或者苹果。代码如下：

```
/**
```

```
 * 标记该方格的坐标，以便指示该处绘制何种图片
 * @param tileindex
 * @param x
 * @param y
 */
public void setTile(int tileindex, int x, int y) {
    mTileGrid[x][y] = tileindex;
}
```

onDraw方法的作用是在网格的每个方格中绘制出相应的位图。该方法使用了双层循环，对网格中的每一个方格都利用if语句进行检查，如果某个方格的关键字大于0，就在该方格中画出关键字对应的位图。代码如下所示：

```
@Override
public void onDraw(Canvas canvas) {
    super.onDraw(canvas);
    for (int x = 0; x < mXTileCount; x += 1) {
        for (int y = 0; y < mYTileCount; y += 1) {
            if (mTileGrid[x][y] > 0) {
canvas.drawBitmap(mTileArray[mTileGrid[x][y]],
                                mXOffset + x * mTileSize,
                                mYOffset + y * mTileSize,
                                mPaint);
                }
            }
        }
    }
```

2. SnakeView类代码分析

SnakeView继承自TileView，其中定义一些属性和方法。需要导入Random类，坐标的定义部分涉及ArrayList，保存游戏状态则涉及Bundle、Handler等，代码如下：

```
import java.util.ArrayList;
```

```
import java.util.Random;
import android.content.Context;
import android.content.res.Resources;
import android.os.Bundle;
import android.os.Handler;
import android.util.AttributeSet;
import android.util.Log;
import android.view.KeyEvent;
import android.view.View;
import android.widget.TextView;
```

TAG作用就是使得某些方法方便应用；mMode是游戏的状态，通常有停止、准备运行、运行中和游戏失败4种，即PAUSE、READY、RUNNING、LOSE；mDirection是贪吃蛇当前移动的方向；mNextDirection是贪吃蛇下一次移动要转向的方向；这些方向有NORTH、SOUTH、EAST、WEST，分别代表北、南、东、西；RED_STAR、YELLOW_STAR、GREEN_STAR值分别是1、2、3，这3个值可以作为标签使用；mScore用于记录贪吃蛇吃到的苹果数量，即游戏得分；mMoveDelay是贪吃蛇移动的时间延迟，单位为毫秒；mLastMove记录贪吃蛇上次移动停止的确切时间；mStatusText是状态文本；mSnakeTrail是组成贪吃蛇身体的坐标列；mAppleList是苹果的坐标列，和mSnakeTrail类似。这些属性的定义代码如下：

```
private static final String TAG = "SnakeView";
/**
 * 定义应用程序的当前模式：准备运行、运行中、停止或者失败
 *
 */
private int mMode = READY;
public static final int PAUSE = 0;
public static final int READY = 1;
public static final int RUNNING = 2;
public static final int LOSE = 3;
/**
 * 定义贪吃蛇移动的方向
```

```
*/
private int mDirection = NORTH;
private int mNextDirection = NORTH;
private static final int NORTH = 1;
private static final int SOUTH = 2;
private static final int EAST = 3;
private static final int WEST = 4;
/**
 * 载入到某个方格的图片标签key
 */
private static final int RED_STAR = 1;
private static final int YELLOW_STAR = 2;
private static final int GREEN_STAR = 3;
/**
 * mScore: 用于记录吃到的苹果数量
 * mMoveDelay: 贪吃蛇移动的时间延迟（单位：毫秒）
 * 随着贪吃蛇吃的苹果数量的增加，时间延迟将递减
 */
private long mScore = 0;
private long mMoveDelay = 600;
/**
 * mLastMove: 记录贪吃蛇上次移动停止的时间，以决定贪吃蛇下一次的移动
 */
private long mLastMove;
/**
 * mStatusText: 定义文本，把某些运行状态显示给用户
 */
private TextView mStatusText;
/**
 * mSnakeTrail: 组成贪吃蛇身体的坐标列
 * mAppleList: 苹果的坐标列
```

```
    */
    private ArrayList<Coordinate> mSnakeTrail = new ArrayList<Coordinate>();
    private ArrayList<Coordinate> mAppleList = new ArrayList<Coordinate>();
    /**
     * Everyone needs a little randomness in their life
     */
    private static final Random RNG = new Random();
```

这里定义了一个类，并且把它实例化了。是为了更新视图绘制。代码如下：

```
    private RefreshHandler mRedrawHandler = new RefreshHandler();
    class RefreshHandler extends Handler {
        @Override
        public void handleMessage(Message msg) {
            SnakeView.this.update();
            SnakeView.this.invalidate();
        }
        public void sleep(long delayMillis) {
             this.removeMessages(0);
                sendMessageDelayed(obtainMessage(0), delayMillis);
        }
  }
```

这里的构造方法的参数与SnakeView的父类TileView一样。而且在开始的时候，SnakeView使用super方法以调用父类构造方法，然后利用一个方法initSnakeView来载入图片资源。代码如下：

```
    /**
     * 构造方法
     * Constructs a SnakeView based on inflation from XML
     * @param context
     * @param attrs
     */
    public SnakeView(Context context, AttributeSet attrs) {
        super(context, attrs);
```

```
        initSnakeView();
    }
    public SnakeView(Context context, AttributeSet attrs, int defStyle) {
        super(context, attrs, defStyle);
        initSnakeView();
    }
```

该方法在构造方法中被调用，为位图阵列载入3种小图片，并与整型图片标签RED_STAR、YELLOW_STAR、GREEN_STAR关联，以使继承自类TileView的方法setTile可以设置图片到方格中。该方法调用了父类中方法resetTiles和loadTile。代码如下所示：

```
    private void initSnakeView() {
        setFocusable(true);
        Resources r = this.getContext().getResources();
        resetTiles(4);
        loadTile(RED_STAR, r.getDrawable(R.drawable.redstar));
        loadTile(YELLOW_STAR, r.getDrawable(R.drawable.yellowstar));
        loadTile(GREEN_STAR, r.getDrawable(R.drawable.greenstar));
    }
```

initNewGame方法的作用是初始化游戏。在刚刚进入贪吃蛇游戏的时候，游戏会为玩家创建一个指向东的贪吃蛇，并且设置贪吃蛇下次移动转向的方向为北；该方法还调用addRandomApple()方法为玩家随机添加两个苹果；该方法还设置了贪吃蛇下次移动的时间延迟为600毫秒，玩家得分为0。代码如下：

```
    private void initNewGame() {
        mSnakeTrail.clear();
        mAppleList.clear();
        /**
        * 载入一个指向东的缺省的贪吃蛇
        */
        /**
        // 默认每次开始都转向北
        */
        mSnakeTrail.add(new Coordinate(7, 7));
```

```
        mSnakeTrail.add(new Coordinate(6, 7));
        mSnakeTrail.add(new Coordinate(5, 7));
        mSnakeTrail.add(new Coordinate(4, 7));
        mSnakeTrail.add(new Coordinate(3, 7));
        mSnakeTrail.add(new Coordinate(2, 7));
        mNextDirection = NORTH;
        /**
        * 随机添加两个苹果
        */
        addRandomApple();
        addRandomApple();
        mMoveDelay = 600;
        mScore = 0;
    }
```

给定一个坐标对象阵列，通过该方法可以把该坐标阵列转化为整型数组，例如，有一个坐标对象$\{(x_1,y_1),(x_2,y_2),(x_3,y_3)...\}$，通过该方法，可以转化为一个数组$a[x_1,y_1,x_2,y_2,x_3,y_3...]$。代码如下：

```
    private int[] coordArrayListToArray(ArrayList<Coordinate> cvec)
    {
        int count = cvec.size();
        int[] rawArray = new int[count * 2];
        for (int index = 0; index < count; index++) {
            Coordinate c = cvec.get(index);
            rawArray[2 * index] = c.x;
            rawArray[2 * index + 1] = c.y;
        }
        return rawArray;
    }
```

游戏进程被杀死后，要保存游戏状态。这是通过Bundle实现的。代码如下：

```
    public Bundle saveState() {
        Bundle map = new Bundle();
```

```
map.putIntArray("mAppleList", coordArrayListToArray(mAppleList));
map.putInt("mDirection", Integer.valueOf(mDirection));
map.putInt("mNextDirection", Integer.valueOf(mNextDirection));
map.putLong("mMoveDelay", Long.valueOf(mMoveDelay));
map.putLong("mScore", Long.valueOf(mScore));
map.putIntArray("mSnakeTrail", coordArrayListToArray(mSnakeTrail));
return map;
}
```

与方法coordArrayListToArray作用相反，通过该方法可以把整型数组转化为坐标阵列，例如，有一个数组$a[x_1,y_1,x_2,y_2,x_3,y_3\cdots]$，通过该方法，可以转化为一个坐标对象$\{(x_1,y_1),(x_2,y_2),(x_3,y_3)\ldots\}$。代码如下：

```
private ArrayList<Coordinate> coordArrayToArrayList(int[] rawArray) {
  ArrayList<Coordinate> coordArrayList = new ArrayList<Coordinate>();
  int coordCount = rawArray.length;
  for (int index = 0; index < coordCount; index += 2) {
    Coordinate c = new Coordinate(rawArray[index], rawArray[index + 1]);
    coordArrayList.add(c);
  }
  return coordArrayList;
}
```

前面介绍了当游戏进程被杀死后，需要使用Bundle 来保存游戏的状态。而当进程重新启动后，需从包含游戏状态的Bundle中取出游戏状态并把这些状态重新赋值给游戏中的属性。代码如下：

```
public void restoreState(Bundle icicle) {
  setMode(PAUSE);
  mAppleList = coordArrayToArrayList(icicle.getIntArray("mAppleList"));
          mDirection = icicle.getInt("mDirection");
          mNextDirection = icicle.getInt("mNextDirection");
          mMoveDelay = icicle.getLong("mMoveDelay");
          mScore = icicle.getLong("mScore");
          mSnakeTrail
```

```
coordArrayToArrayList(icicle.getIntArray("mSnakeTrail"));
}
```

onKeyDown方法是为了处理游戏中的按键事件。按键方向分为“上”、“下”、“左”、“右”4个方向。由于向“上”按键同时是启动游戏的按键，所以向“上”按键部分的代码首先调用了initNewGame方法和update方法来启动游戏，然后才更新贪吃蛇的移动方向。假如贪吃蛇现在向“上”移动，那么按向“下”键就应该忽略，向“下”、向“左”和向“右”同样有这样的处理。代码如下所示：

```
public boolean onKeyDown(int keyCode, KeyEvent msg) {
  if (keyCode == KeyEvent.KEYCODE_DPAD_UP) {
    if (mMode == READY | mMode == LOSE) {
      /**
       * 游戏的开始，或者前一游戏结束后重新开始，要启动游戏
       *
       */
      initNewGame();
      setMode(RUNNING);
      update();
      return (true);
    }
    if (mMode == PAUSE) {
      /**
       * 游戏被停止，就从停止的地方重新运行
       */
      setMode(RUNNING);
      update();
      return (true);
    }
    if (mDirection != SOUTH) {
      mNextDirection = NORTH;
    }
    return (true);
```

```
}
if (keyCode == KeyEvent.KEYCODE_DPAD_DOWN) {
  if (mDirection != NORTH) {
    mNextDirection = SOUTH;
  }
  return (true);
}
if (keyCode == KeyEvent.KEYCODE_DPAD_LEFT) {
  if (mDirection != EAST) {
    mNextDirection = WEST;
  }
  return (true);
}
if (keyCode == KeyEvent.KEYCODE_DPAD_RIGHT) {
  if (mDirection != WEST) {
    mNextDirection = EAST;
  }
  return (true);
}
return super.onKeyDown(keyCode, msg);
}
```

setTextView方法作用是设置文本，给出诸如游戏结束的信息。代码如下:

```
public void setTextView(TextView newView) {
  mStatusText = newView;
}
```

setMode方法能够更新当前应用程序的模式(运行中、停止等)，在更新完这些模式后，从string.xml文件中取出相应模式的文本，使得玩家能够看到模式的改变，即利用setTextView方法中的mStatusText属性设置使通知的文本可见。代码如下:

```
public void setMode(int newMode) {
  int oldMode = mMode;
  mMode = newMode;
```

```
        if (newMode == RUNNING & oldMode != RUNNING) {
            mStatusText.setVisibility(View.INVISIBLE);
            update();
            return;
        }
        Resources res = getContext().getResources();
        CharSequence str = "";
        if (newMode == PAUSE) {
            str = res.getText(R.string.mode_pause);
        }
        if (newMode == READY) {
            str = res.getText(R.string.mode_ready);
        }
        if (newMode == LOSE) {
            str = res.getString(R.string.mode_lose_prefix) + mScore
                + res.getString(R.string.mode_lose_suffix);
        }
        mStatusText.setText(str);
        mStatusText.setVisibility(View.VISIBLE);
    }
```

addRandomApple方法选择当前未被贪吃蛇占据的某个位置，随机地放置苹果。该方法首先定义了一个变量found并赋值为假；然后在一个while循环中利用随机数来选择苹果位置；位置选定后要确保不和贪吃蛇所在位置发生冲突，这里也定义了一个变量collision；最后，比较found和collision以确定苹果位置的正确与否。代码如下：

```
    private void addRandomApple() {
        Coordinate newCoord = null;
        boolean found = false;
        while (!found) {
            /**
            *为苹果选择新的位置
            */
```

```
            int newX = 1 + RNG.nextInt(mXTileCount −2);
            int newY = 1 + RNG.nextInt(mYTileCount −2);
            newCoord = new Coordinate(newX, newY);
            /**
            * 确保位置不和贪吃蛇冲突
            */
            boolean collision = false;
            int snakelength = mSnakeTrail.size();
            for (int index = 0; index < snakelength; index++) {
                if (mSnakeTrail.get(index).equals(newCoord)) {
                    collision = true;
                }
            }
            /**
            * 如果没有冲突，那么就有一个正确的位置放置苹果
            * 否则，要返回重新选择位置
            /*
            found = !collision;
        }
        if (newCoord == null) {
            Log.e(TAG, "Somehow ended up with a null newCoord!");
        }
        mAppleList.add(newCoord);
    }
```

update()方法适用于处理最基本的更新环节。该方法首先检查游戏是否处于运行中，当游戏处于运行中，依据mLastMove 和mMoveDelay来决定贪吃蛇是否移动，当贪吃蛇可以移动时，就调用updateWalls()方法更新墙壁、updateSnake()方法更新贪吃蛇的位置、updateApples()更新苹果位置。代码如下：

```
    public void update() {
        if (mMode == RUNNING) {
            long now = System.currentTimeMillis();
```

```
            if (now - mLastMove > mMoveDelay) {
                clearTiles();
                updateWalls();
                updateSnake();
                updateApples();
                mLastMove = now;
            }
            mRedrawHandler.sleep(mMoveDelay);
        }
    }
```

updateWalls()方法的作用是更新墙壁。可以看到，该方法把网格最外层的方格都填入了绿色的方形图片，从而形成了绿色的墙壁。代码如下：

```
    private void updateWalls() {
        for (int x = 0; x < mXTileCount; x++) {
            setTile(GREEN_STAR, x, 0);
            setTile(GREEN_STAR, x, mYTileCount - 1);
        }
        for (int y = 1; y < mYTileCount - 1; y++) {
            setTile(GREEN_STAR, 0, y);
            setTile(GREEN_STAR, mXTileCount - 1, y);
        }
    }
```

updateApples()方法能够更新苹果位置。苹果使用黄色的方形图片表示。代码如下：

```
    private void updateApples() {
        for (Coordinate c : mAppleList) {
            setTile(YELLOW_STAR, c.x, c.y);
        }
    }
```

updateSnake()方法用来更新贪吃蛇的位置。该方法首先计算贪吃蛇走的路线，然后检查它是否撞到某物体，例如墙和自己，如果撞上则游戏失败，最后检查贪吃蛇是否吃到苹果，当苹果被吃后，还要随机添加一个苹果。代码如下：

```
private void updateSnake() {
    boolean growSnake = false;
    /**
    *取得贪吃蛇的头
    */
    Coordinate head = mSnakeTrail.get(0);
    Coordinate newHead = new Coordinate(1, 1);
    mDirection = mNextDirection;
    switch (mDirection) {
    case EAST: {
        newHead = new Coordinate(head.x + 1, head.y);
        break;
    }
    case WEST: {
        newHead = new Coordinate(head.x -1, head.y);
        break;
    }
    case NORTH: {
        newHead = new Coordinate(head.x, head.y - 1);
        break;
    }
    case SOUTH: {
        newHead = new Coordinate(head.x, head.y + 1);
        break;
    }
}
    /**
    * 冲突检测
    * 在区域的四边有一堵墙，贪吃蛇撞墙，游戏失败
    */
    if ((newHead.x < 1) || (newHead.y < 1) || (newHead.x > mXTileCount -2)
```

```
        || (newHead.y > mYTileCount -2)) {
    setMode(LOSE);
    return;
}
/**
* 检查贪吃蛇是否撞到自己，撞到则失败
*/
int snakelength = mSnakeTrail.size();
for (int snakeindex = 0; snakeindex < snakelength; snakeindex++) {
    Coordinate c = mSnakeTrail.get(snakeindex);
    if (c.equals(newHead)) {
        setMode(LOSE);
        return;
    }
}
/**
* 寻找苹果
*/
int applecount = mAppleList.size();
for (int appleindex = 0; appleindex < applecount; appleindex++) {
    Coordinate c = mAppleList.get(appleindex);
    if (c.equals(newHead)) {
        mAppleList.remove(c);
        addRandomApple();
        mScore++;
        mMoveDelay *= 0.9;
        growSnake = true;
    }
}
/**
* 在列表中加入新的头，去掉尾
```

```
    */
    mSnakeTrail.add(0, newHead);
    if (!growSnake) {
        mSnakeTrail.remove(mSnakeTrail.size() -1);
    }
    int index = 0;
    for (Coordinate c : mSnakeTrail) {
        if (index == 0) {
            setTile(YELLOW_STAR, c.x, c.y);
        } else {
            setTile(RED_STAR, c.x, c.y);
        }
        index++;
    }
}
```

Coordinate是一个二维坐标类，包含两个整数x和y，表示X和Y方向的坐标。该类还有一个对比方法，该方法确定两个坐标是否相等，另外，该类有一个字符串转化方法，该方法把坐标转为字符串。代码如下：

```
private class Coordinate {
    public int x;
    public int y;
    public Coordinate(int newX, int newY) {
        x = newX;
        y = newY;
    }
    public boolean equals(Coordinate other) {
        if (x == other.x && y == other.y) {
            return true;
        }
        return false;
    }
```

```
    @Override
    public String toString() {
        return "Coordinate: [" + x + "," + y + "]";
    }
}
```

3．界面代码实现

贪吃蛇这个游戏的布局使用了FrameLayout，在该布局上添加SnakeView控件。同时，在FrameLayout布局当中添加RelativeLayout布局，以便添加TextView控件显示游戏状态。代码如下：

```
<?xml version="1.0" encoding="utf -8"?>
<FrameLayout xmlns:android="http://schemas.android.com/apk/res/android"
    android:layout_width="fill_parent"
    android:layout_height="fill_parent"
    >
    <ex.pro.snake.SnakeView
            android:id="@+id/snake"
            android:layout_width="fill_parent"
               android:layout_height="fill_parent"
               tileSize="24"
               />
    <RelativeLayout
         android:layout_width="fill_parent"
         android:layout_height="fill_parent" >
         <TextView
             android:id="@+id/text"
             android:text="@string/snake_layout_text_text"
             android:visibility="visible"
             android:layout_width="wrap_content"
             android:layout_height="wrap_content"
             android:layout_centerInParent="true"
```

```
            android:gravity="center_horizontal"
            android:textColor="#ff8888ff"
            android:textSize="24sp"/>
    </RelativeLayout>
    </FrameLayout>
```

4．游戏控制代码分析

该部分的代码实现较为简单。在onCreate(Bundle savedInstanceState)方法中，取出SnakeView控件对其进行操作，例如程序刚启动时要设置游戏状态，重新进入程序时要从bundle取出游戏状态重新保存；onPause()作用就是设置游戏状态为停止；onSaveInstanceState(Bundle outState)方法的作用是保存游戏状态到bundle。代码如下所示：

```
import android.app.Activity;
import android.os.Bundle;
import android.view.Window;
import android.widget.TextView;
public class snake extends Activity {
    private SnakeView mSnakeView;
    private static String ICICLE_KEY = "snake-view";
    /** Called when the activity is first created. */
    @Override
     public void onCreate(Bundle savedInstanceState) {
        super.onCreate(savedInstanceState);
        /**
        * 不需要标题
        */
        requestWindowFeature(Window.FEATURE_NO_TITLE);
        setContentView(R.layout.main);
        mSnakeView = (SnakeView) findViewById(R.id.snake);
        mSnakeView.setTextView((TextView)
        findViewById(R.id.text));
                if (savedInstanceState == null) {
```

```
                /**
                 * 刚刚启动程序，设置游戏状态
                 */
                mSnakeView.setMode(SnakeView.READY);
            } else {
                /**
                 * 要求重新保存游戏状态
                 */
                Bundle map = savedInstanceState.getBundle(ICICLE_KEY);
                if (map != null) {
                    mSnakeView.restoreState(map);
                } else {
                    mSnakeView.setMode(SnakeView.PAUSE);
                }
        }
    }
    @Override
    protected void onPause() {
        super.onPause();
        /**
         * 停止运行游戏
         */
        mSnakeView.setMode(SnakeView.PAUSE);
    }
    @Override
    public void onSaveInstanceState(Bundle outState) {
        /**
         * 保存游戏状态
         */
        outState.putBundle(ICICLE_KEY, mSnakeView.saveState());
    }
}
```

本章小结

本章以 Android 的示例程序《贪吃蛇》为例，讲述了 Android 游戏程序设计的具体步骤。首先对贪吃蛇游戏进行功能分析，在分析的基础上，提出游戏创意；然后依据功能分析和游戏创意对该游戏程序的功能模块进行划分，并给出游戏程序的流程图和状态转换图；接下来则是对各功能模块的类及其要素进行设计、分析；最后对整个游戏程序的代码进行了详细分析。相信读者朋友通过本章的学习和实践，已经具备了基于 Android 平台开发游戏程序的知识和技能。

习题

1. 手机游戏对 Android 平台的推广能起到哪些作用?
2. 从 Android 安装目录的 samples 目录下找到与游戏有关的示例，调试并使之在模拟器上运行。
3. 说明贪吃蛇游戏设计与实现的优缺点。
4. 请尝试策划、设计并实现一款 Android 手机游戏。

> 后 记

现代网络与通信系统正朝着融合化、个性化、移动化和智能化的方向发展，用户期待在任何时间、任何地点以任何方式都能得到具有相同体验的移动多媒体服务，这使得运营商要成为能够提供终端、多媒体内容、应用和服务的综合信息服务商。其中最具吸引力和发展潜力的方向之一就是通信网、互联网和广电网的三网融合，大力发展面向网络融合的移动多媒体业务。

三网融合是指通信网、互联网和广电网三大网络通过技术改造，能够提供包括语音、数据、图像等综合多媒体的通信业务。三网融合是一种广义的、社会化的说法，在现阶段它是指在信息传递中，把广播传输中的“点”对“面”，通信传输中的“点”对“点”，互联网中的存储时空融合在一起，并不意味着通信网、互联网和广电网三大网络的物理合一。三网融合的方式体现在网络、终端、业务等多个方面。网络融合是指在提供多种方式的接入服务的同时，采用统一的网络体系架构。终端融合是指运营商提供的语音、电视、互联网接入业务可以在新型移动智能终端上实现。业务融合是指现有或未来业务的渗透、组合与融合，可以实现为客户提供统一消息、统一号码等业务。其中网络融合是基础、终端融合是核心、业务融合是关键。移动多媒体业务则是业务融合的重点，也是网络融合和终端融合的最终应用目标。

随着移动互联网技术和移动智能终端的发展和普及，以及国家对三网融合业务试点的推进，移动多媒体有着日益广阔的应用前景，手机动漫、移动游戏、数字音乐、彩信铃声、电子阅读、IPTV、宽带视讯等移动多媒体业务将得到迅猛发展。中国移动多媒体广播（CMMB）、下一代广播电视网(NGB)、社会性网络服务（SNS）、移动互联网电视（Mobile IPTV）等新技术的出现，也为移动多媒体应用提供了更为广阔的空间。

目前很多学校已开设了“多媒体技术”课程，但偏重于多媒体编码、压缩、通信等内容的讲授，较少涉及移动多媒体应用。而对大多数数字媒体专业或软件工程专业的高年级本科生和研究生来讲，对移动多媒体应用软件开发的兴趣很大，迫切需要专门开设“移动多媒体应用程序设计”课程，或者在“多媒体技术”、“嵌入式系统”课程中讲授移动多媒体应用程序设计的内容。

为此，在教育部、文化部高等学校动漫类教材建设专家委员会的指导下，北京大学数字化技术实验室的教师和研究生合作编写完成了《移动多媒体应用程序设计》一书。本书第1章由张齐勋编写，第2章由王洋编写，第3、4章由褚伟杰、张志超编写，第5章由刘宏志编写，第6、7、8章由夏爱华、张齐勋编写。全书由吴中海、张齐勋整理定稿。在编写过程中得到了Google公司的朱爱民先生、胡斐然女士的帮助和支持。

由于“移动多媒体应用程序设计”是对动手实践能力要求较高的一门课程，在进行教材设计时，编者力求理论与实践的紧密结合，除了基本概念、基本理论知识外，本书也设计并实现了多个应用实例，给出了实验代码分析和研发环境，以便教学的开展。

本书着重于移动多媒体应用编程能力的培养，结合了北京大学数字化技术实验室多年来在嵌入式软件和多媒体技术方面的经验积累，希望能够起到抛砖引玉的作用，为国内高校移动多媒体课程建设提供一个完整的教学过程示范，推动大学开展移动多媒体应用程序设计课程建设。

吴中海、张齐勋

2011年8月于北京大学

> 参考文献

[1] 雷虎. 多媒体技术基础[M]. 北京：冶金工业出版社，2008.

[2] 张明敏. 网络多媒体技术与应用[M]. 北京：清华大学出版社，1998.

[3] 程栋. 实用网络新闻学[M]. 北京：新华出版社，2002.

[4] 常嘉岳. 移动多媒体消息业务[M]. 北京：北京邮电大学出版社，2006.

[5] 马为公. 互联网的新时代[M]. 北京：中国国际广播出版社，2008.

[6] 周志强. 下一代技术及影响：通信、计算机与广播电视[M]. 北京：中国广播电视出版社，2006.

[7] 王军，韩志强. 多媒体技术发展现状及未来发展趋势浅谈[J]. 情报理论与实践，2001，24(2)：145-147.

[8] 史志强. 论多媒体及其交互性[J]. 电化教育研究，2001(4)：19-21.

[9] 曾捷. 新一代移动多媒体系统的关键技术研究[J]. 通信技术，2010，43(3):70-133.

[10] 汪永松. J2ME手机高级编程[M]. 北京：机械工业出版社，2009.

[11] 林昊. 分布式Java应用：基础与实践[M]. 北京：电子工业出版社，2010.

[12] 万辉，王军. 基于Eclipse环境的J2ME应用程序开发[M]. 北京：清华大学出版社，2006.

[13] 胡虚怀，杨志和，李焕. J2ME移动设备程序设计[M]. 北京：清华大学出版社，2005.

[14] 孙更新，宾晟，孙海伦. JavaME手机应用开发大全[M]. 北京：北京科海电子出版社，2008.

[15] 林胜利，刘华军. 精通J2ME无限编程[M]. 北京：中国铁道出版社，2004.

[16] 杨丰盛. Android应用开发揭秘[M]. 北京：机械工业出版社，2010.

[17] 佘志龙，等. GoogleAndroidSDK开发范例大全[M]. 2版. 北京：人民邮电出版社，2010.

郑重声明

反盗版举报电话：(010) 58581897 / 58582371 / 58581879

反盗版举报传真：(010) 82086060

反盗版举报邮箱：dd@hep.com.cn

通信地址：北京市西城区德外大街4号

高等教育出版社法务部

邮政编码：100120